糸を出す
すごい虫たち

大崎茂芳 Osaki Shigeyoshi

★——ちくまプリマー新書
328

目次 ＊ Contents

本文・帯イラスト　たむらかずみ

はじめに

我々は庭、公園、並木道、森などの自然環境の中で生活している。時おり目につくのはクモの巣や、糸にぶら下がっている毛虫などであるが、郊外を歩いていても余程注意していないと糸を出す虫に出くわすのはまれである。虫たちの出す糸などは、現代のハイテクノロジー時代で効率化が求められている人々から無視され、見捨てられていた領域なのかもしれない。しかし、積極的に自然環境に立ち入ってみると、クモ、ミノムシ、毛虫のように糸を利用している虫たちや、普段めったに見かけない虫たちが出した糸に出会うことがある。木の葉が枯れずに折りたたまれているので、不思議に思って開けてみると、虫の繭が見つかることもその一つである。このように、関心を持って自然界を眺めると、糸を出している虫の多いことが分かり、「虫たちは何のために糸を出すのであろうか?」とか、「糸は何からできて、どのような機能を持っているのだろうか?」という興味と疑問が湧いてくる。クモから糸を取り出していると「クモからどれぐらい糸が取れるのだろうか？」などと考えてしまい、さらに、ミノムシがぶら下がっているのを見て、「ミノムシは蓑《みの》が重たすぎて動けなくなるのでは？」とか、「クモやミノムシなどの命綱はなぜ切れないのか？」とか、「ダニは本当に空を飛べるの？」など、虫たちの糸に対する疑問が次々と湧いてくる。このように虫たちの糸を通じて、まだ見知らぬ自然界のミステリアスな世界の秘密を探ってみることは意義深いと思われる。

虫たちは活動中に糸を有効に利用しているが、多くの虫たちの糸の機能やしくみはほとんど分かっていない。しかし、虫たちの秘密に包まれたベールを少しでも垣間《かいま》見れば、4億年もの進化の歴史の過程で培ってきた虫たちの糸の機能やしくみには、私たちの予想を超えた驚きがあるかもしれない。また、虫たちの糸の素晴らしい性質、機能やしくみがわかれば、「糸の機能やしくみが何かに使えるかもしれない！」と色めき立つ人もいるかもしれない。

今まで、虫たちの出す糸の中で実用化されてきたのはカイコの絹糸くらいに過ぎず、その他の虫の糸は実用化されていない。しかも、わずかしか分泌しない虫の糸では測定が困難なためもあって、糸の性質や機能はほとんど分かっていない。将来的にも、生き物の不思議な糸の性質、機能やしくみを、新しい技術を駆使することによって明らかにすることは、純粋な科学的興味とともに、進化の問題を含めた観点から非常に価値があると思われる。

一方、化学工業の発展する20世紀後半になると、合成繊維の普及に加えて生活スタイルの変遷により、着物を着る習慣は減ってしまい、カイコの絹糸への関心は薄れてしまう傾向にあった。ところが、21世紀になると、地球環境問題から生分解性などの点で、合成繊維よりも優れている天然繊維を見直すとともに、新しい機能を持った天然繊維の出現が期待されるようになった。

新しい天然繊維素材が期待される大きなきっかけの一つとなったのは、20世紀末までに分かってきたクモの糸のユニークな性質によるものであった。従来の絹糸や合成繊維でも得られない素晴らしい性質を持つクモの糸を実用化できないかというものであった。クモの糸はカイコの養蚕のような大量の絹糸の入手は不可能であった。21世紀になって、遺伝子工学の技術で人工のクモの糸を作りたいという動きが出てきた。この動きに触発されて、今まで多くの人から無視されてきた虫たちの出す糸にも関心が向けられるようになってきた。

虫たちの出す糸といっても、多くの虫では糸の入手が極めて困難なこともあって、糸の本当の性質は分かっていない場合が多い。現実の糸情報は生態学レベルでしかないのである。このような厳しい状況に一筋の光を与えてくれたのは、クモの糸の遺伝子工学での試みである。わずかしか糸が得られない虫の場合、糸の遺伝子の塩基配列を調べることによって糸のタンパク質の化学構造が推定でき、しかも遺伝子工学的に天然の糸に似た構造の人工タンパク質が合成できる可能性が生まれてきた。一方、高分子量のタンパク質を化学重合で作ろうとする動きも現れてきている。このように、最近では、虫たちの素晴らしい機能を持った糸が人工的に得られる可能性も生まれてきた。害虫であり、多くの人から嫌がられてきた虫たちの糸を遺伝子工学で量産できないかという考えが芽生えてきたのは当然の成り行きである。一方、わずかしか糸を出さない虫でも、虫たちから直接取り出して糸の独特な機能やしくみを、従来の手法で研究を推進することは、自然界のミステリーを探るという純粋に科学的な興味から、非常に重要なのである。

大学院時代は合成高分子に焦点を当て、40年以上前からクモの糸や他の虫たちの糸、コラーゲン線維という天然繊維に焦点を当ててきた著者にとって、虫たちの出す糸は、合成繊維では得られない素晴らしい機能を持ち合わせ、それらが大化けして次世代の素晴らしい生活素材となる可能性を秘めていることを確信するようになった。

虫たちの分泌するミステリアスな糸の正体を暴き出し、糸の特徴が生かせるならば、将来の夢の繊維として人間生活を様々な面で大きく変える可能性を秘めている。ここで、昆虫とクモ形類を含む糸を出す虫たちに焦点を当て、それらの神秘的でミステリアスな機能やしくみという世界に踏み込み、糸にまつわる秘密を解き明かすとともに、それらの可能性を探ってみたい。

21世紀における今後の大胆なブレークスルーは、4億年もの長い進化の歴史の中で、糸を上手に使いこなしながら生き延びてきた虫たちの素晴らしい「自然界の知恵」に学ぶことに糸口があるのかもしれない。21世紀のタンパク質の時代においては、虫の分泌する糸が将来の地球にやさしい繊維素材として我々の生活に浸透する可能性も夢では無くなってきたのである。そのような視点から、今まで関心を持たれなかった虫たちに目を向けるきっかけになれば幸いである。

第一章　人はクモの糸にぶら下がれるのか？

1　クモの糸の不思議

夜道を歩いている時、クモの糸が顔にまつわりついたり、長い脚のグロテスクな恰好《かっこう》をしたクモが頭の上から突然降りてきたりすると、恐怖を感じることがある。また、自動車のサイドミラーに張っているクモの巣を取り除いても、翌日にまた巣を張っていると、「いい加減にやめてほしい！」と怒りたくもなる。このように多くの人から嫌われるクモではあるが、田舎に住んでいると、クモが巧妙に巣を張り、糸を使って獲物を捕獲する神秘的なシーンに見入ってしまう人もいる。

私がクモの糸の研究を始めた40年ほど前のクモ学は、世界的に分類学が主流であった。一方、オーストラリアなどではセアカゴケグモなどの毒グモによる致死問題のために毒の研究が行われていたものの、クモの糸に関心を持つ人はほとんどいなかった。クモの糸の力学特性に関する論文もほとんど見られず、研究者の関心は薄かった。当時は、ナイロンやポリエステルといった合成繊維が絹糸という天然繊維を駆逐する時代に入っていた。化学工業界では「実験は研究室でするものだ」という雰囲気があり、時間のかかるフィールドワークという野外での活動はあまり好まれないものであった。特に、クモの共食いのために、クモの糸の量産化は困難で、実用化の目途《めど》もないということから、クモの糸の研究分野は無視された領域であった。

大学院博士課程で合成高分子の研究をしていた後、一時期私は粘着紙の研究をしていた。その頃、粘着との関連でクモの糸の粘着性の文献調査をしているときに、クモの糸が物理化学的にほとんど調べられていないことに興味を持った。ただ、私はクモに関して全くの素人であった。念のためにクモの分類学の大家であった八木沼健夫先生に相談したところ、やはりクモの糸は世界的にほとんど調べられていないことが分った。そこで、クモの糸なら自宅でも研究できるので、私は趣味としてクモの糸の研究を始めることにしたのである。

クモと接触を始めたものの、私にとっては「クモがどこに巣を張るのか？」とか、

「クモから糸をどのように取り出せばよいのか？」などのクモの生態での基本的な問題にぶつかりながら、クモから糸を取り出すことに悪戦苦闘の日々が続くことになる。

クモはなぜ巣にくっつかないのか？

夏から秋にかけて野外にでかけると、クモの巣にくっついたチョウ、トンボ、セミなどの昆虫が逃れようと必死にもがいている姿を見かけることがある。これはクモの巣の横糸の粘着球に昆虫の翅《はね》がくっつくからである。巣の中央部にいるクモはくっついた昆虫が逃げてしまわないように、すばやく昆虫のところまで移動しなければならない。クモが移動中に横糸にくっつくと動けなくなるかもしれないと、私などはついつい心配してしまう。しかし、クモは昆虫だけを上手に捕獲するのである。このようなシーンを見ると、「クモはなぜ巣にくっつかずに移動できるのか？」と不思議に思ってしまう。

代表的な円網では、巣の骨格となる丈夫な縦糸と、らせん状でよく伸びる粘着性の横糸から構成されている。放射状の縦糸相互の間隔は巣の外枠に近づくと大きくなるが、クモは自らが脚を伸ばしても歩けるような巣を作っている（図1）。また、それらの網

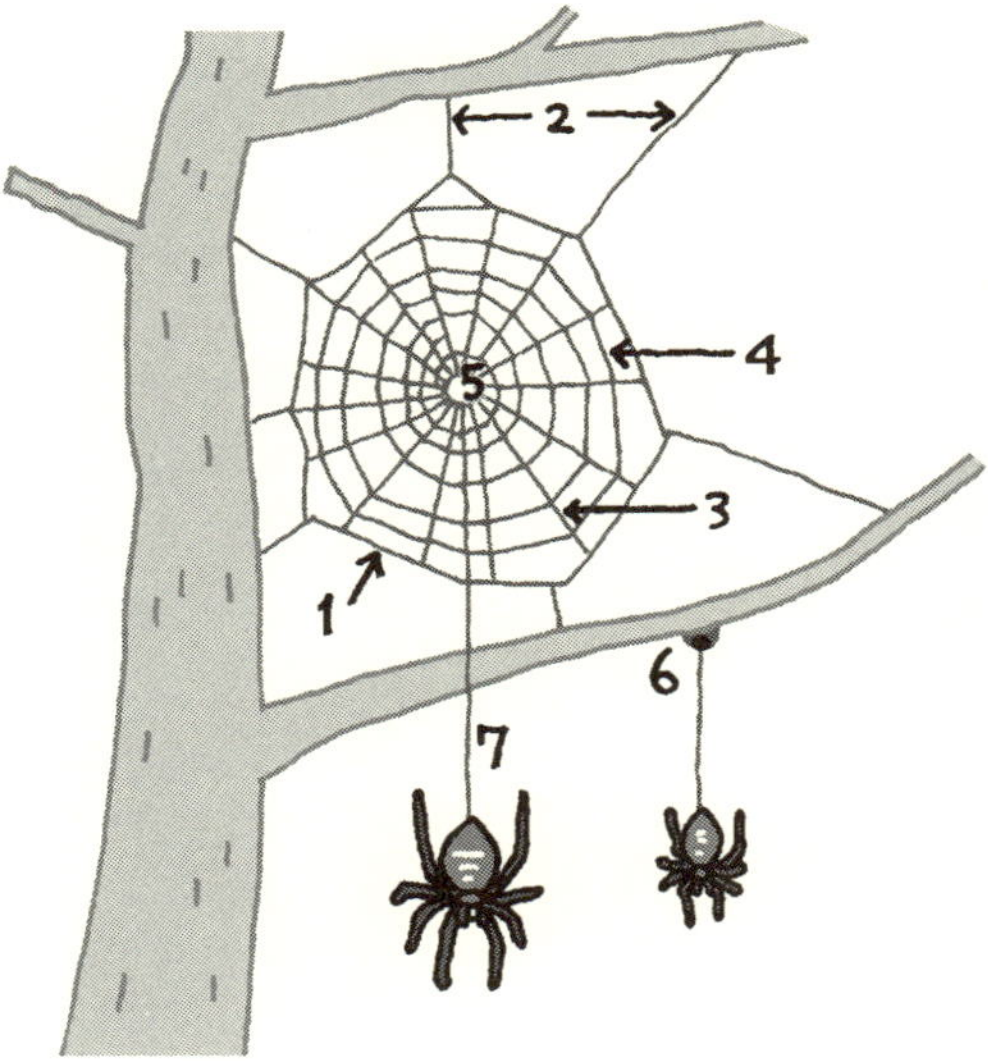

図1　代表的な円網。1：枠糸、2：繋留糸、3：縦糸、4：横糸、5：こしき、6：附着盤、7：牽引糸（命綱）

を木の枝などに附着盤で繋留糸《けいりゅうし》を固定し、クモは巣の中央部のこしきで獲物が飛来するのを待っている（図２）。横糸はよく伸びて、くっついた昆虫の運動エネルギーを吸収してしまう。横糸は昆虫がかなり暴れると縦糸との接触点で切れる場合もあるが、縦糸は簡単には切れないしくみになっている。また、獲物を巻きつける捕獲帯は多くの細い糸からなり、かなり収縮性があるので、捕獲帯で巻かれた昆虫は締め付けられて動けなくなってしまう。このように、クモは用途に応じていろいろな糸を上手《うま》く使い分けている。

ズグロオニグモは、縦糸と巣のフレームをなす枠糸を作ってからあらかじめ中心から一定の間隔をおいて円状に足場糸を張る。次に、枠糸の近くから足場糸に脚を乗せて、横糸を張りつつ、足場糸を取り除く。順次中心側に横糸を張っていって巣を完成させるのだ。ジョロウグモでは、あらかじめ張った足場糸の間に横糸を８本ほど張るが、足場糸はそのまま残している。足場糸は、クモが横糸を張るために脚が上手く乗せられるためと、新しく張った横糸に脚がくっつかないようにしているのである。このように、クモの巣は獲物捕獲を目的としてうまく構成されているのである。

飛来した昆虫が横糸にくっ付いて暴れると、クモはその振動を糸で感知して、獲物のところまで移動する。このとき、「クモはどのようにして移動するのであろうか？」と初期の疑問に戻ってしまう。その際、よく観察するとクモは横糸を避けて、縦糸や足場糸の上に脚をおきながら移動しているのである。また、獲物が巣の中で暴れていると、クモが獲物まで移動する間に獲物に逃げられてしまいかねないので、急がねばならない。そのため、巣の中央のこしきに命綱（牽引糸《けんいんし》）の先端を接着したクモは命綱にぶら下がって獲物のところに、一飛びに飛び移るケースもある。このように、捕獲までの時間短縮をしながら、粘着性のある横糸を避けて移動しているのである。クモは自らが巣にくっつくようなへまはしないのである。巣の横糸を壊してしまえば、生活に支障が生じることになる。そのため、クモ自らが作った巣の捕獲機能を低下させないための行動をとっているのだ。

図2　獲物を待つズグロオニグモ。こしきで獲物を待つ

クモは昆虫の通り道を見抜く

クモは嫌いでも、ほとんどの人はクモの巣を見たことがあるだろう。しかし、いざクモの巣を探すとなるとなかなか難しい。いつ頃、どこに巣を張っていたかなどはあまり覚えていないからである。クモは一年中どこでも巣を張るわけではない。時期を逃せば、山をいくら駆け巡ってもクモを探すことは難しい。

黄色と黒の体色をしたジョロウグモが張る巣は、9月頃から11月頃にかけて日本各地で見つけやすい。夜活動するズグロオニグモの巣は、活動時期は6月から8月頃。コガネグモの巣は7月から8月にかけて見かけることが多い。これらの成体のクモが巣を張るシーズンが分かったとしても、どの場所に巣を張るのかは別問題で、クモが成長して大きな巣を張らないと、巣を見つけ出すのはなかなか難しい。

ズグロオニグモは、橋の欄干や橋脚の下の空間によく巣を張る。その空間は昆虫がすいすいと飛んでいける風の通り道である。昆虫が飛んでくる場所に巣を張っておけば、効率よく昆虫を捕獲できることになる。東南アジアのジャングルに行くとどこでもいつでもクモが多く巣を張っているイメージであるが、木々が密集しすぎて昆虫が飛びにくいところや、乾季には巣は見つけられない。

夜光灯の近くにクモが密集して巣を張っているのをよく見かける。普通は、クモはなわばりの問題もあってお互いに離れて巣を張っていることが多いことから、信じられないような光景である。しかし、昆虫は夜光灯の光を目指して次から次へと飛んでくるので、夜光灯の近くに巣を張れば、たとえ密集していてもクモにとっては食料には事欠かないことになる。以前に、教授室の机の上に孵化《ふか》直前のジョロウグモの卵のうを置いて帰宅したことがあった。翌朝に出勤すると、前夜のうちに卵のうから孵化した数百匹の子グモたちが光のある窓のところに壁を伝って集団移動していた。昆虫と同じく光を求めての移動で、クモもちょうど昆虫の捕獲に適した場所に巣を張るという習性を持ち合わせているものと思われる。

クモが巣を張る立地条件として重要なことは、食料となる昆虫が活動しやすいところである。つまり、食物連鎖の成立する水辺は巣を張るのに良い条件ということになる。

このように昆虫の習性を理解しながら、クモを探すことが重要である。

クモも間違える巣作り

郊外を歩いているとクモの巣を見かけることはあるが、クモが巣を張っているところに遭遇することはめったにない。ところが、注意深く探していくと、地方の駅のホームで夏の夕方に電車を待っているときに、蛍光灯の近くでズグロオニグモが巣を張るところに遭ったり、雨上がりの昼間に田舎の家の縁側から、ジョロウグモが巣を張り替えているシーンを見つけたりする。多くの人はクモに関心がないので、ホームの屋根裏でクモが巣を張っていても素通りしてしまうが、真剣にクモの巣の張り替えを見ていると、その巧妙さについつい引きこまれてしまう。

ズグロオニグモは、昼間は欄干のコーナーの隙間に隠れている。夕方になると外に出てきて、風や昆虫の飛来で壊れた巣を取り集めて、それを食べる。次に、欄干に糸の先端を固定することから始まり、クモの降下や移動するときの力を利用して腹から糸を引っ張りだし、新たに巣作りを始める。巣の中心から縦糸を張ってから、横糸を順次張っていく。最後に巣の中心部の生活場所であるこしきを作って巣が出来上がるが、巣の中で粘着性があるのは横糸だけである。そして、クモは完成したこしきで頭を下に向けて獲物の飛来を待っているのである。

　ジョロウグモの場合は、毎日夜になると数時間かけて巣の半分を張り替える。つまり、巣の半分は2日に一度の張り替えとなる。巣を張る際には足場糸をあらかじめ張り、それを利用しながら、縦糸間を何度も往復しながら横糸を張る。このように、クモは種類によって特徴ある巣作りをするが、共通しているのは横糸に粘着球がついていることである。これまで、横糸の粘着球については例外を見かけたことはなかった。

　40年にわたってクモの巣を見てきた私は一度だけ目を疑うケースに出くわしたことがある。沖縄から送られてきたオオジョロウグモを大学の中庭に放した翌日のことであった。昼食から研究室に戻る途中に、中庭に素晴らしく大きな巣を張っていたので近づいてみた。そのとき、「えっ！」と目を丸くしたのである。クモの巣ではありえないことが起こっていたのだ。なんと、すべての縦糸に粘着球がついていたのである。私は初めて出会う出来事なので驚くとともに、逆に嬉しくなってしまった。そのとき、ちょうど通りがかった生物学の先生を誘ってみた。逆さナマズの宇宙実験で知られる大西健先生（現茨城県立医療大学教授）で、クモの巣には興味がないと思われたが、私の興奮を先生に強要したようなわけであった。オオジョロウグモはどこでどう間違ったのかは知らないが「弘法にも筆の誤り」をしでかしていたのである。

クモの空中飛行

クモが巣の中で歩いて移動するシーンや、巣から命綱を使って降下するシーンはしばしば目撃される。一方、アシダカグモのように獲物を求めて暗闇を歩く徘徊《はいかい》性のクモもいる。家の中ではハエトリグモが飛びはねたりするところも目撃することができる。しかし、クモが大空を飛ぶ「バルーニング(空中飛行)」話は空想の世界かと思われ、すぐには信じがたいものである。確かに、クモが空を飛ぶとしても、飛び立つところや飛んでいるところを目撃するのは極めて難しい。多くの人が小さなクモを認識できるのは、生まれた直後の子グモの群れやバルーニング後に着陸してしばらく経《た》ってから木々に張ったクモの小さな巣ぐらいである。しかし、そのような巣も小さすぎて余程関心を持っていないと見過ごしてしまうものである。

飛行中の飛行機内でクモが捕えられたり、船の上で捕えられたりしていることは、クモが空中を飛行している証拠の一つである。東北地方では、秋になると「雪迎え」という現象が知られている。秋の小春日に、子グモが糸を出し、糸を浮力にして上昇気流に乗って空高く舞い上がるクモの飛行現象のことで、しばしば目撃されている。その後まもなくすると雪が降ることから、「雪迎え」とも言われている。

春になって卵のうから生まれたばかりの数百匹のジョロウグモの群れは、1週間ほどの間に集団で木の枝先の方に移動する。その頃は、ちょうど春風が吹く時期でもある。クモは成長するにつれて細長くなるが、生まれたばかりでは赤みのある球のようなものである。葉の上に移動した0・5mg程度の重さの子グモは糸を出して風が吹くのを今か今かと待っている。ちょうど風が吹いた時に腹から出した流し糸を推進力として、子グモは風に乗って空中に飛び立つのである。子グモが糸を出して空を飛ぶなんて驚きである。その際、子グモは腹を下にして脚を上げて立ち、空中に何本かの糸を出して、順次飛び立っていく。そよ風によって子グモは新天地に移動し、そこで小さな巣を張って新生活を始めるのだ。

オーストラリアでは秋になると空から糸を出したクモが雨のごとく降り注ぎ、家の庭、広場、フェンス、木々などが数百メートルにわたって、小さなクモで覆われるという。これは何百万もの子グモが一斉に気流に乗ってバルーニングで着地した結果である。子グモは軽いので高度数キロメートルの上空を1ケ月近く餌がなくても数百キロメートルも移動することがある。オーストラリアから南極まで移動するクモもいるという。

ところで、「子グモはなぜ飛び立つのであろうか？」と疑問が湧いてくる。卵のうから数百匹のジョロウグモの子グモが孵化し、その場所で生活し続けるには過密すぎて、食料不足になる。子グモがバルーニングで見知らぬ土地に散らばることは、食料確保のためである。もちろん、バルーニングで散らばっても土地が不毛である場合や外敵が多い場合、最終的に成体まで生き延びるクモの数は限られている。逆に室内であれば、外敵も少ない環境にあるので、数個の卵しか産まないクモもいる。このように、バルーニングは、食料不足と関連した種の保存という重要な位置づけなのである。

次に、「なぜ小さいクモでないとバルーニングできないの？」との疑問が湧いてくる。バルーニングは1mg以下の小さなクモであれば糸の浮力で説明できる。しかし、クモが成長して重くなれば流し糸だけの浮力では到底飛べないのだ。クモも大きくなってしまえば、その環境で生き延びてきたことや自らの意志で少し移動できるので、今さらバルーニングなど必要ないことも納得できる。

2　クモから糸を取る

人の足元を見るクモ

40年もの間クモの腹から糸を取り出していると、「クモは手ごわい相手で、人はクモに足元を見られている！」と感じるようになった。クモは思うようには糸を出してくれないのである。

クモを箸に乗せて少し振るとクモは驚いて、箸に牽引糸の先端をくっつけて、糸を出しながら降下するので、そのときの糸を採取することにした。

精密な力学測定用サンプルとしては、クモが自発的に降下するときの牽引糸は最もふさわしいものであった。それは、強制的に引き出すのと違って、クモの自重以外の余分な力が加わっていないからである。しかし、クモがするすると糸を出しながら降下するのを見て喜んでばかりいられないのだ。クモは一旦地面に軟着陸すると、今度はすばやく逃げてしまうからである。一度、逃げる味を覚えたクモは、捕まえて再度糸取りをしようとしてもすぐに逃げてしまい、もはや糸取りはできない。したがって、クモが降下して地面に近づく前に、すばやくサンプリングすることである。つまり、逃げる味を覚えさせないようにすることである。

ズグロオニグモから糸取りを始めたところ、嫌がって地面に落ちてエビのように体を曲げて動かなくなってしまった。そのクモを手に取り上げて再度箸に乗せようとしても、丸まってまったく動かず、脚すら出さないので箸に乗せられない。「クモは死んだのかもしれないので、もはや相手にできない！」と思って、クモからの糸取りをあきらめて、動かなくなったクモを地面に戻していた。そして次のクモから糸取りをしていた。すると、ちょっと目を離した隙に、動かなくなっていたはずのクモはさっさと逃げてしまっていたのだ。死んだふりは防衛というかクモにとっての危機管理術の一つなのかもしれない。人間から見ると、クモが人を欺いて、危険が去るのを待っているのはさすがである。

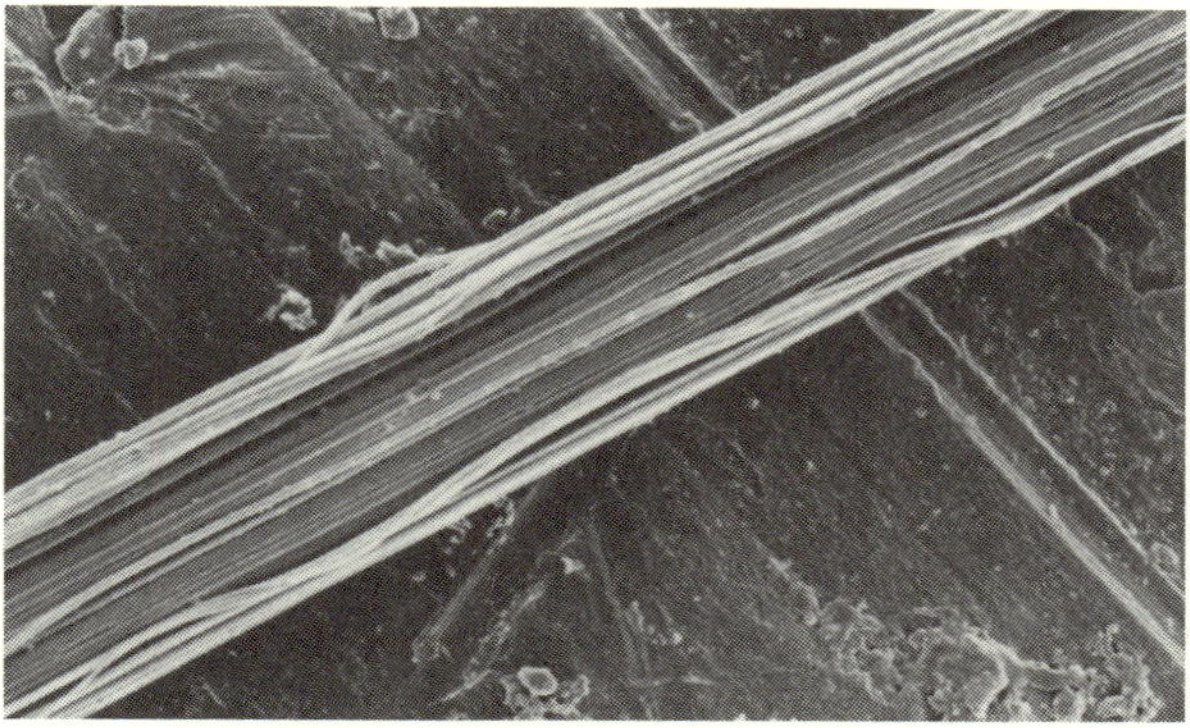

図3　ズグロオニグモが出した牽引糸とは違った細い糸束

ムシャクシャして感情が高ぶって不機嫌な時や失恋直後の落ち着きのない人が糸取りをすると、気持ちが糸取りの動作に表れる。そのためか、クモはその人の動作をすぐに察してしまう。そのようなときに取り出した糸を電子顕微鏡で調べると、クモは二本のフィラメントからなる牽引糸とは異なった極細の多くの糸を出している場合が多い（図3）。落ち着いた気持ちでの糸取りでないので、自然と動作が荒くなり、クモは外敵に襲われていると感じたのであろうか。そのとき、自らの防衛のために捕獲帯を出していたのである。クモに足元を見ぬかれていたからである。本当の牽引糸が欲しいのに、後になって電子顕微鏡で観てクモに騙《だま》されたと思うことが多くある。あるとき、研究補助員に糸取りを頼んだが、その2ケ月後に電子顕微鏡で調べたところ、ほとんどのサンプルが目的の牽引糸以外の糸であった。そのことが分かって、全てのサンプルを破棄したことがあった。目的の牽引糸を取り出すためには、クモに安心感を与えるように落ち着いて、しかも心を込めてクモの糸取りをしなければダメなのである。牽引糸を取り出すのは結構難しい。

このようなことから、糸取りにはクモの習性を十分に理解し、クモとコミュニケーションを図ることが何よりも大切となる。長年の間に私が得た教訓は、「クモに対して優し過ぎれば舐《な》められるし、厳し過ぎるとへそを曲げられる」である。まさに、人間の職場での対応と同じく、クモの気持ちを察する姿勢が大切であるということが分ってきた。

クモからの逆襲

クモから長い糸を出させようとしても、クモは嫌がってすぐに糸を切ってしまう。そこで、クモが糸を切らないようにするにはどうすればよいかが長年の課題であった。

ある夏のことであった。数百匹のオオジョロウグモを順次箸に乗せて糸を取り出していた。繰り返し試みても、あるところでクモは糸を切ってしまうのであった。そのとき、「クモが糸を出さなくなったり、切ったりするのはなぜだろうか？」と考えはじめた。クモが箸に沿って移動するのを見ると、クモは嫌がって逃げているのかもしれないと思うようになった。つまり、クモの腹から強制的に牽引糸を巻き取るという行為は、クモにとっては「何らかの外敵の襲来を意識して移動している可能性があるのではないか？」と考えたのである。箸の先端まで逃げてきたクモにとってはもはや逃げ道がなくなって、崖《がけ》っぷちにいると考えられるのだ。そのとき、8本の脚を持つクモは最後尾の第4番目の対の脚で糸を挟んで固定して、腹から糸を出さないようにしていることが分かった。糸の固定によって、巻き取り中の糸の抗張力が急に上昇し、それ以上、糸が巻き取れなくなるのも当然のことであった。そのときに糸を強引に引っ張ると、クモは後ろ脚でその糸を切ってしまうことが分かってきた。どうも、箸の先端まで来て逃げ道のなくなったクモは糸を後ろ脚で挟んで、それ以上腹から糸を出すことを頑《かたく》なに阻止しているのかもしれないのだ。

そこで、「もしクモに逃げ道がないのであれば、逃げ道を作ればよいのだ」と考えてみた。箸をテープで直列に繋《つな》いで2倍長にすれば逃げ道が2倍も長くなるはずである。早速それを実行したところ、確かに、逃げ道が長くなった分だけ糸が取りやすくなった。しかし、クモが先端まで来たときに糸を出さなくなるのは同じであった。次に考えたことは、クモが先端近くに移動してきたときに、脚が絡まないように箸だけを180度回転させることであった（図4）。箸を180度回転させると、クモは脚を動かして逆方向に向いてくれるので、クモにとっては末端がいきなり始端に変わることになる。新しい先端までの距離をクモは休むことなく移動できることになった。同じように箸を180度回転させ続けると、次から次へと糸を巻き取ることができるようになった。このように、長い糸を得るにはクモに逃げ道を作ることの重要さが分ってきた。徐々にクモの習性が理解でき、上手に糸を出させるようになったことで自己満足していた。ところが、自己満足もつかの間のこと、クモから逆襲を受けるはめになったのである。

その逆襲とは、クモから白い液体の排泄《はいせつ》物を引っ掛けられるようになったのだ。クモの尻から手やシャツ、ズボン、さらに床にも液体をぶっかけてくるのだ。液体の排泄物を2mぐらい先まで飛ばすので、糸取りを見に来ていた我が家の愛犬ミニチュアダック

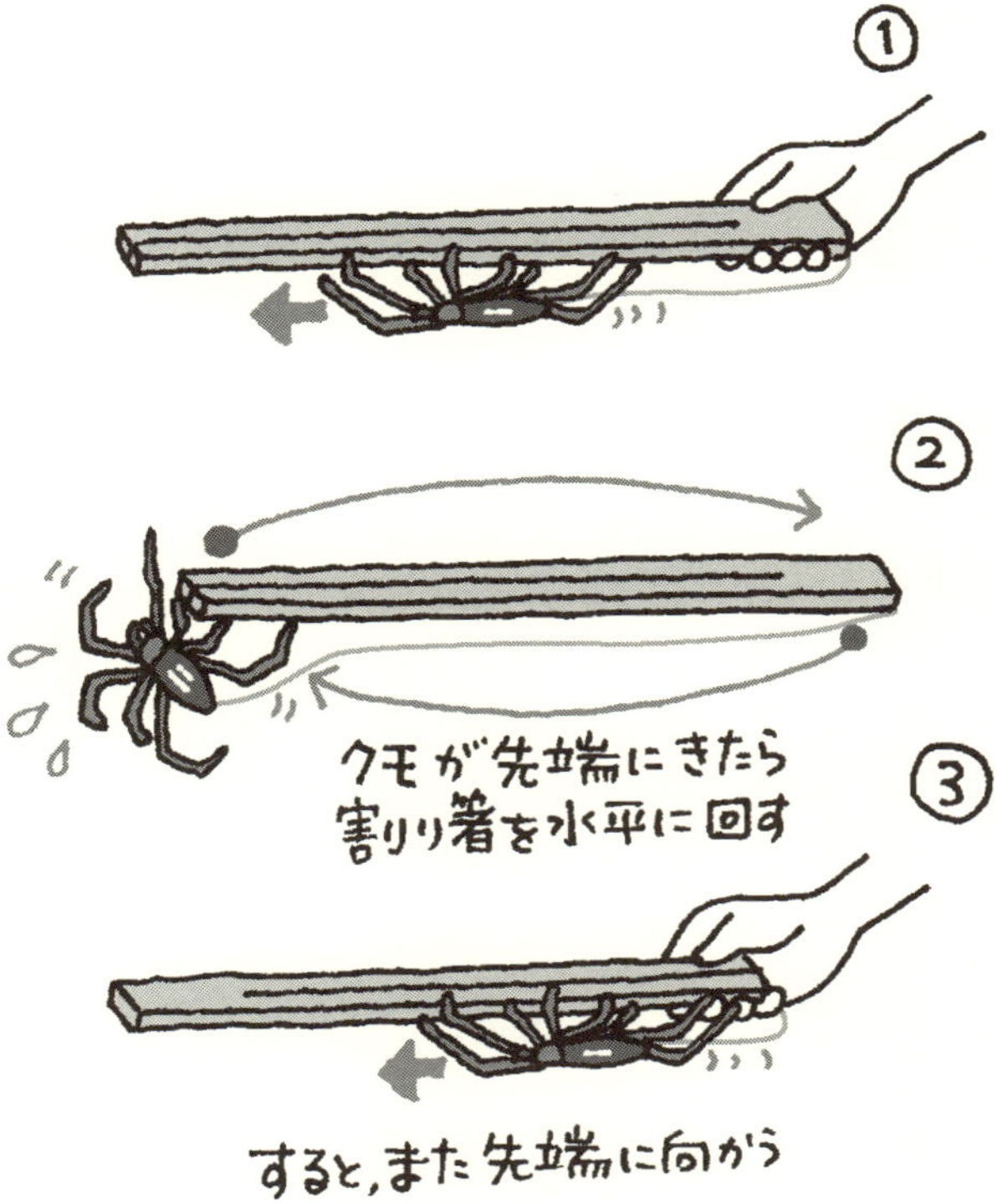

図4　クモから糸を巻き取る方法

スフントのももちゃんもその液体を顔にまで引っ掛けられて大被害を受けた。

オオジョロウグモを巣から取り出した最初の2日間は、気持ちよく（？）糸取りに協力してくれていた。ところが、同じクモで3日目に糸取りをしていたところ、排泄物のしっぺ返しを受けたのだ。最初の2日間では、効率的に糸取りするのにクモの逃げ道を作ったことは間違っていなかった。これはクモの習性をよく理解したためと喜んでいた。しかし、考えてみれば、箸を180度回転し続けることは、クモにとっては逃げ道といってもエンドレスになるので、休む間もなく糸を出して逃げ続けなければならないことになる。つまり、逃げても逃げきれない状況に追い込んだことになる。あまりにも長い逃げ道を作るとクモは余計に疲れてしまうし、嫌気がさしてくるのかもしれない。つまり、クモにとっては過重労働を強いられているので、「もう、やめて！」と警告のための汚物を引っ掛けたのかもしれない。糸を効率的に取り続ける作業のために、人間の都合でクモの逃げ道を作ったつもりが、皮肉なことに、クモにとっての本来の自然な逃げ道ではなくなったことになる。ちなみに、糸取りの後クモを庭に放すと夜のうちに巣を張り、翌朝になるとクモは活き活きしてくるので、また糸を出してくれるようになる。

このように、クモを休ませながら糸取りをすることが大切であることが分かった。

3　クモの糸の性質

糸のユニークな性質とは？

クモの糸は長い間実用化の見込みがないので多くの人から無視されてきた。それにもかかわらず、21世紀になると急にクモの糸への関心は高まってきた。このような急変に対しては、「研究者がなぜクモの糸などに関心を持つようになったのだろうか？」という疑問を抱かざるを得ない。ついつい、「クモの糸の特徴とは何なのだろうか？」と考えてしまう。

世の中には、ゴムのように柔らかいが強度では劣る素材や、アラミド繊維であるケブラー繊維のように強度はあっても硬くてもろい素材はすでに存在している。ところが、柔らかくて強いという両方の性質を適度に兼ね備えた繊維はクモの糸以外には見当たらない。そして、繊維が切れるまでに要するエネルギー値、すなわち単位体積当たりの破断エネルギーに対応するタフネス（靭性《じん》）が特段に大きい特徴を持つのはクモの糸をおいて他にはない。この大きな値の意味するところは、クモの糸は粘り強くて切れにくいということである。ちなみに、タフネスはナイロン繊維では80MJ／㎥で、ケブラー繊維では50MJ／㎥であるのに対して、クモの糸では277MJ／㎥と報告されている。ここでのタフネスのMJ／㎥という単位は、1㎥あたりのエネルギーのことで、メガジュール（$MJ=10^6J$）で表される。さらに、耐熱性や紫外線耐性なども含めた特徴が、20世紀末までに明らかにされてきた。

合成高分子や天然高分子には結晶域と非晶域が混在している。結晶域は分子が周期的に並んで硬いのに対して、非晶域は分子の並びが不規則であるため比較的に柔らかい。繊維の長さ方向には結晶域と非晶域が直列に分布していることから、引っ張ると結晶域はあまり伸びないが、最も弱い非晶域が伸びて、しかも切れやすい（図5）。また、ナイロンやポリエチレンテレフタレートなどの繊維では結晶域の割合が低くても折れ曲がりにくい。いわゆる腰があるが、非晶域の影響で破断強度は小さい。ところが、クモの糸は非晶域を多く含んでいるので、柔軟性に優れているにもかかわらず、ナイロンやポリエチレンテレフタレートよりも破断強度は大きいというユニークさがある。

破断強度は素材の力学的性質を表わす指標としてよく使われ、素材を引っ張った際に耐え切れず切れてしまうときの値のことである。ジョロウグモの破断強度約１・５ギガパスカルは、ナイロン繊維の破断強度約４００メガパスカルと比べると4倍近く強度がある。ギガパスカル（10^9Pa）は10億パスカル、メガパスカル（10^6Pa）は１００万パス

図5　クモの糸の微細構造の模式図

カル、気圧表示で使われる1ヘクトパスカル（10^2Pa）は100パスカルのこと。また、強度の指標として使われる弾性率というのがある。素材にわずかの単位伸びを与えたときの単位面積当たりの硬さを反映するのに使われる。これは、バネばかりの伸び縮みが可能な弾性限界以下のわずかな力を加えて、伸ばしたり押さえて縮めたときの変形度合いを調べるというものである。我々はフローリングの上を歩くより大理石の上を歩く方が硬く感じる。これは同じ体重がかかった足で踏むので、縮み量に差が生まれるからだ。縮み量である変形度が小さければ小さいほど弾性率は大きいので、変形度の差は弾性率の差を反映している。結晶域と非晶域の混在しているジョロウグモの牽引糸の弾性率は、幼体では約11ギガパスカルで、成体では約13ギガパスカルであることが分かった。ちなみに、結晶と非晶の混在するナイロンやポリエステルの弾性率が5ギガパスカル程度であることから、クモの糸の弾性率は結構大きいのである。このような視点から、クモの糸はわずかな力に対して結構伸び縮みしにくいのである。

１９７０年代頃の繊維産業では合成繊維の研究が主流で、クモの糸は実用化の目途もなく、世の中からは無視されていた。クモの糸の研究は生き物相手で時間のかかるフィールドワークを含むことから、「実験は研究室内で」という風潮の強かった時代にはクモの糸の研究は好まれず、世界的にも研究者は極めて少なかった。ところが、21世紀になると、クモの糸の研究を志す人が急激に増えてきた。

その理由の一つは、前述のように、20世紀の終盤までにクモの糸が他の繊維と比べて極めて特異的な性質を持っていることが分かってきたためであった。もう一つの大きな理由は、クモの糸の遺伝子組み換え実験が時間のかかるフィールドワークをしなくとも研究室内でもできるようになったからである。

しかも、遺伝子工学で人工のクモの糸の量産化の可能性が生まれてきたからである。このように、21世紀になってクモの糸の特異的な性質に注目が集まり、その構造解明の研究と量産化に向けての研究開発に乗りかかろうという傾向が急激に盛んになったのである。

糸の構造の秘密とは?

クモの糸はナイロンやポリエステルのような物質より柔らかいにもかかわらず、破断応力や弾性率がそれらの物質よりも大きいというユニークな性質は簡単には理解しがたい不思議さがある。そのため、研究者はクモの糸のユニークな性質を説明するために分子レベルの微細構造がどうなっているのかに学術的に興味をそそられるのである。もちろん、実用的には、クモの糸の微細構造が明らかになれば構造と物性（性質）の関係が分かってくるので、クモの糸と同じような構造を持つ物質を合成する道が開ける可能性が生まれてくる。

クモの糸は分子量が約30万であるタンパク質分子がS—S結合（ジスルフィド結合）で分子量が約60万（ちなみに水分子の分子量は18）という途方もなく大きいタンパク質からなっていることが分かってきた。タンパク質は20種類のアミノ酸からなり、その中の最も簡単なアミノ酸であるグリシン（NH_2CH_2COOHで分子量は75）が約40%、アラニン（$CH_3CH(NH_2)COOH$でグリシンの水素がCH_3に置き換わったアミノ酸）というアミノ酸が約28%含まれる。クモの糸の長いタンパク質分子は、中央部はアラニンが多い領域とグリシンの多い領域を含む領域が多数繰り返されている疎水性領域となっており、その両末端にグリシンの多い非繰り返しアミノ酸領域が配置されている。つまり、水をはじく

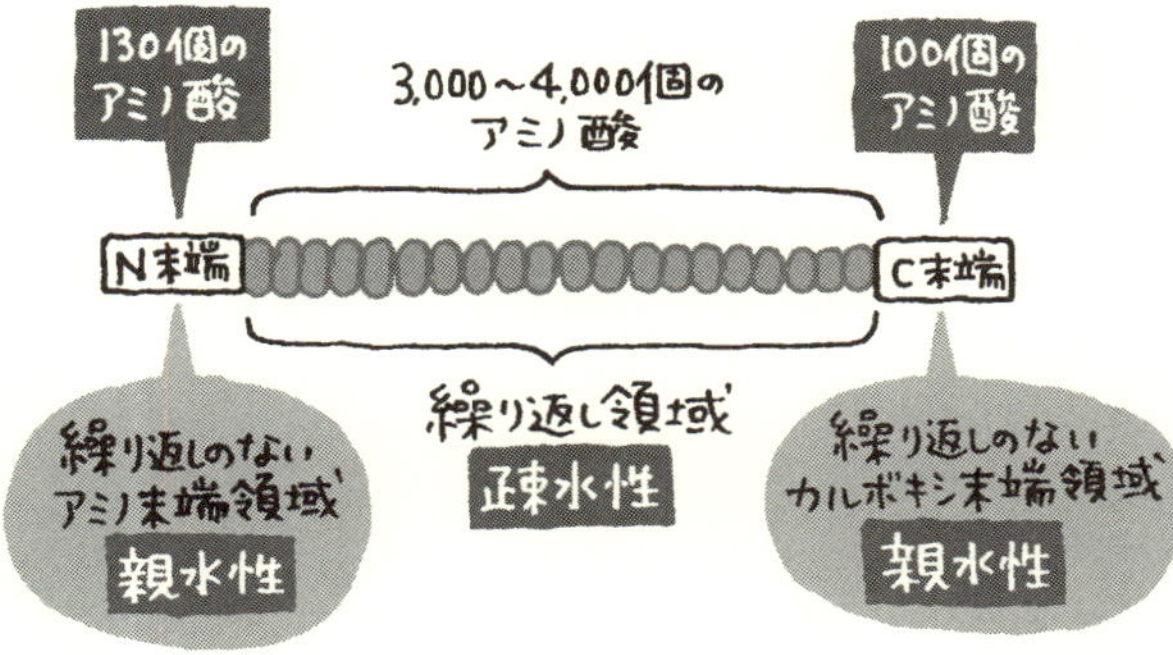

図6　クモの糸の化学構造

疎水性の中央部は、水と親和性のある親水性のアミノ末端領域（$-NH_2$）とカルボキシ末端領域（$-COOH$）によって囲まれている。アラニンの繰り返し領域はβシート構造（タンパク質分子同士が水素結合で平面的に結ばれている構造）からなる結晶部に寄与している。一方、グリシンの豊富な領域は非晶部としてクモの糸の柔軟性に寄与している（図6）。

通常の結晶域と非晶域とが混在している物質の全体としての強度は、強度の小さい非晶域が最も影響する。つまり、非晶部の一番弱いところが伸びて切れやすいので、汎用の合成繊維などの力学強度は混在する非晶域の影響で比較的小さいのである。クモの糸の強度は汎用繊維よりもはるかに大きいにもかかわらず、ナイロンと比べて腰はなく柔らかくて曲げやすいのである。

柔らかくて強いというクモの糸のユニークな性質は構造面からはまだはっきりと説明しきれておらず、多くの秘密が隠されている。クモの糸の強度が大きいのは、βシート構造からなる薄いシート状の結晶域の配向だけでなく、非晶域における結晶予備軍であるβシート構造が配列していることによる。通常の酵素などのタンパク質の分子量は数万程度であるが、結晶域の間を繋いでいるクモの糸のタンパク質の分子量は約60万と驚くほど大きい。このことは、長鎖のタンパク質分子の絡み合いがほぐれて破断までにかなり伸びることになり、糸の切れにくさを反映する破断エネルギーが非常に大きいことにつながるものと考えられる。ところで、アラニンが多く含まれる結晶域の平均の大きさは2nm×5nm×7nmと非常に薄い板状の直方体で、結晶単位格子がa軸方向に2個、b軸方向に5個、c軸方向に約10個あることになる。タンパク質分子がたった2層しかない結晶域の薄さは、合成高分子の厚みのある結晶域と異なって糸の柔軟性を反映していると考えられる。

ユニークな性質を示すクモの糸の結晶の理論弾性率は160ギガパスカルと報告され

ている。大きな結晶弾性率を示す結晶部分に加えて、非晶部分を含めた微細構造からクモの糸のユニークな性質が分かるかもしれないと、多くの研究者が構造の解明に向けて努力している。しかし、「なぜ、柔軟性が高いにもかかわらず弾性率やタフネスが大きいのか？」などを含めて、クモの糸には未《いま》だに分からないことが多すぎる。自然界はそう簡単に秘密を暴露しないのかもしれない。コラーゲン、絹糸、クモの糸などの天然物質の結晶構造で未だに決定的な結論が得られていないのは、やはり、生物が環境変化に耐え抜いて生き残るための多様性という戦略的観点から、分子構造や微細構造にあいまいさを残しながら進化していることと関係しているのかもしれない。とにかく、クモの糸の非晶域はもちろん、結晶域を含めた微細構造がまだ十分わかりきっておらず、学術的に多くの研究者の興味の対象になっている。

熱に強く、紫外線にも強い！

身近な合成高分子の融点は、ゴミ袋のポリエチレンでは約１１０度、ストローに用いるポリプロピレンでは約１７０度、ストッキングに用いるナイロンでは約２１０度、服の裏地などに用いられるポリエチレンテレフタレートでは約250度である。これらの合成高分子は結晶域と非晶域から成り立っており、温度を上げて融点になると結晶域が溶けてしまい全体が柔らかくなり、簡単に変形してしまう。一方、天然繊維であるクモの牽引糸は、融点は明瞭には観測されないが300度でも糸の形状が保てるという優れた耐熱性のあることが分かった。そもそもクモの糸（牽引糸）はタンパク質からなっており、構成アミノ酸はグリシンが約40％、アラニンが約28％、グルタミン酸が約10％で、これらの3つのアミノ酸残基が合計で80％近く含まれている。アミノ酸組成でのグリシンは非晶域に、アラニンは結晶構造に寄与することが分かっている。

クモの糸は少なくとも250度までは熱的に安定であり、600度になると完全に分解してしまう。また、250度以上に昇温すると少し分解しはじめ、300度では20％ほど重量が減るが形状は保たれている。350度ぐらいになって初めて重量が50％を切ることになる。また、350度ぐらいになると黒化するようになる。このように、クモの糸は汎用合成繊維よりも耐熱性に優れていることが分かった。糸全体として非晶性であるが、βシート構造の結晶構造からなる結晶域は非常に薄いので融解するほどの吸熱性が得られないのかもしれない。

クモは巣作りの際に繋留糸の先端をどこかの物体に固定しなければならない。その糸の先端を枝以外の岩や金属にくっつけるが、それらは、太陽光の当たっている部分はかなり高温になっている可能性がある。夏の暑い日の岩などは局所的には少なくとも150度ぐらいになっている可能性もある。このような事情からクモの糸に耐熱性が付与されたものと思われる。

夏から秋にかけて郊外に出かけると、太陽光に照らされた美しいクモの巣に遭遇する。炎天下の紫外線でクモの糸が劣化すれば、巣が弱くなってしまい飛来する獲物が捕れにくくなるはずである。こうなると、クモにとっては死活問題である。ところが、クモは昼でも太陽光の下で、巣の中で昆虫を捕えている。この現実から、「なぜクモの巣はボロボロにならないのか?」と考えて説明に困ってしまうのだ。

実は30年以上前にも、クモの糸が紫外線照射によって化学的にどのように影響されるのかを調べたことがある。そのとき、紫外線によってタンパク質の化学結合が切れると、反応性が高く、不安定な分子種であるラジカルが発生することに注目した。クモの糸もカイコの糸も紫外線によって化学結合が切れると、分子が短くなり糸の力学強度が弱くなるはずである。この考えから、私は「紫外線照射によって糸の力学強度がどのように変化するのだろうか？」という点に興味を持つようになった。

その機会が訪れたのは25年ほど前に島根大学に赴任した時であった。私たちの地球表面には可視光よりも波長の短い紫外線も届いている。そこで、太陽光の強度分布に似せて人工的に作った紫外線ＵＶ－Ａを当ててみた。ＵＶ－Ａは地球上に届いている紫外線である。予想は当然、カイコの絹糸と同様に紫外線照射によって牽引糸の破断強度は低下するはずであった。しかし、照射時間の最初の頃に破断強度は上昇して極大値を示したのだ（図７）。しばらくしてから破断強度は徐々に低下した。破断強度が上昇したことは私にとって全くの予想外のことであった。そのため、私はデータを信用しきれなかった。なぜ破断強度が上昇するのかを説明しきれないので、実験が失敗であったのかもしれないと思った。しかし、「なぜなのだろうか？」と不思議に思い、データが本当かどうかを確かめるため５～６年間実験を繰り返してみた。そして、やっとデータを信用するに至った。

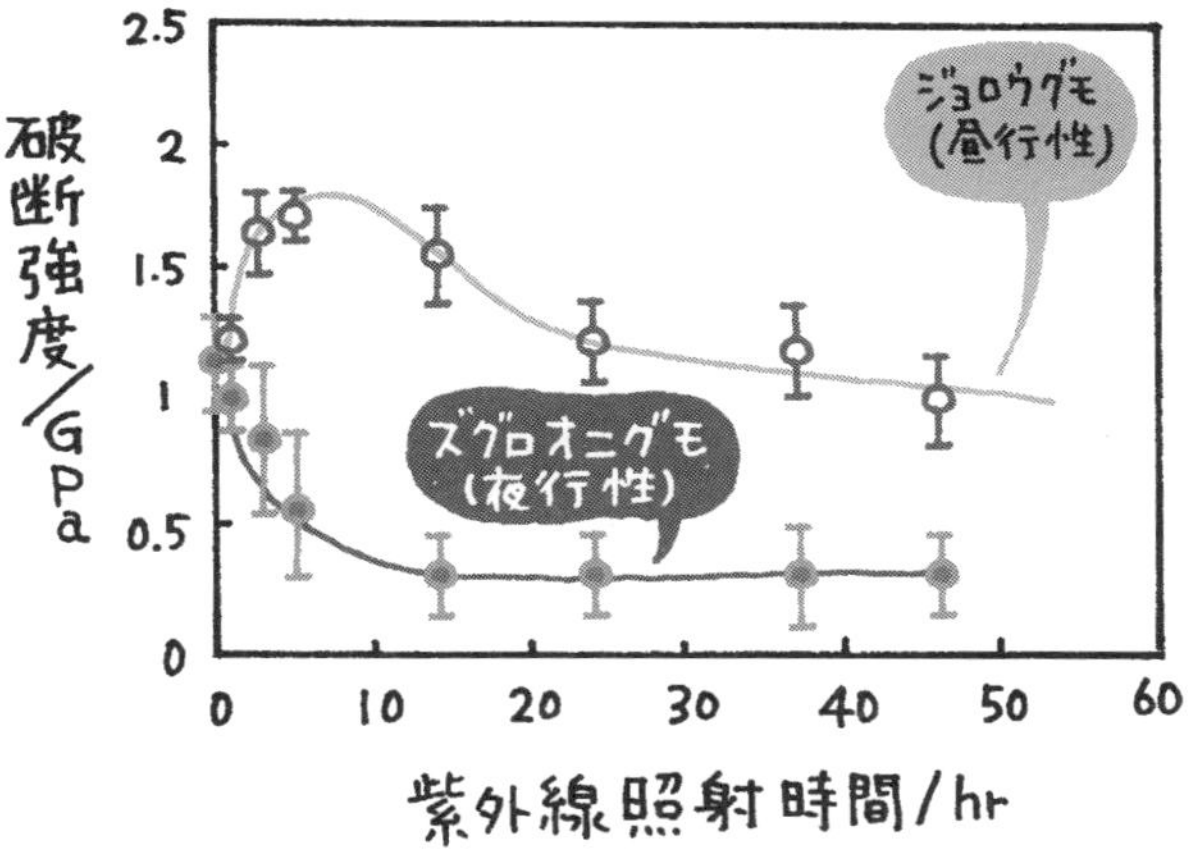

図7　紫外線を照射したときのクモの糸の破断強度の照射時間依存性

クモの糸はボロボロになるどころか、一時的に強化されることが分かったのである。つまり、紫外線によってクモの糸の力学強度は一旦上昇し、その後、しばらくしてから強度は低下した。そして、強度が初期値まで下がったところで巣を張り替えていることも分かったのである。このように、昼光性のジョロウグモの巣は太陽光の下でも十分に獲物を捕獲できる状態にあることが理解できるようになった。

紫外線は昼には地上に降り注ぐが、「紫外線の降り注がない夜に活動する夜行性のクモならどうなるのだろうか？」

と興味が湧いてきた。ズグロオニグモは、夕方になると現れて、昼間にボロボロになった壊れた巣を集めて新たに張り替え、夜に活動し、朝方には巣をそのままにして自らは隠れてしまう。そこで、夜行性のズグロオニグモの糸の力学強度に対する紫外線の影響を調べてみた。その結果、ズグロオニグモの糸の力学強度は紫外線照射時間とともに低下したのである。これはカイコの絹糸と似た結果であった。夜になると紫外線は地表には降り注がないので、ズグロオニグモの糸には紫外線耐性は不要となる。そのため、夕方に巣を張ってしまえば、活動する夜の間には糸の力学強度が落ちることはないので、獲物の捕獲機能には影響しないのである。

ところで、ジョロウグモとズグロオニグモだけでは満足できなかったので、他のクモの糸でも実験を行った。別の種の夜行性のクモの糸では紫外線耐性はなく、昼行性のクモの糸ではやはり紫外線耐性が見られた。クモはもともと夜行性であった。一部のクモは昼行性に進化したと推定されているが、それを支持する根拠は乏しい状態であった。夜行性の糸は紫外線によって化学結合が切れるというデータは化学的に初歩的レベルである。確かに、昼光性のクモの糸を構成するタンパク質の化学結合が紫外線によって切れて反応性は高くなり、一部のタンパク質分子は短くなる。同時に、タンパク質の化学結合が切れて反応性の高い部分の一部が、近くのタンパク質分子の反応性の高い部分と結合して架橋が形成されて分子が長くなる。この相反する2つの効果によって、最終的にクモの糸が力学的に強化されたと考えられる。このように、単純に劣化するのと比較して架橋して力学的に強化される方が、化学的に高度に進化したレベルと考えられる。つまり、昼行性のクモの紫外線耐性は夜行性のクモより進化したレベルにあるという説をサポートする有力な証拠を得たのである。

半分に縮むクモの糸

30年ほど前のことである。糸サンプルは高湿や水を極力避けて保存していた。ある時、取り出してまもないクモの糸束が水に触れてしまい、サンプルとして使えないので横に放置していた。ところが、数日後に見ると、糸束は少し縮んでいることに気づいた。そこで、本当に縮んだのかどうかを確かめることにした。あらかじめ長さを測ったクモの糸を水に浸《つ》けたところ、約半分近くまで収縮してしまうという超収縮性を示したのである（図8）。それまで意識的に水を避けるようにしていたものの、私はクモの糸がそこまで縮むとは思っていなかったのである。

クモの糸の超収縮現象を確認したものの、今度はまたしても不思議なことに遭遇したのである。それは、クモの糸が水に濡れて半分に縮むのに、雨の日のクモの巣を見ても縮んでいる様子はないのだ。また、張っている巣にスプレーで水を噴射したものの縮んだ様子は見られなかった。つまり、「屋外で張っている巣は雨に濡れても収縮しない」という結果と「クモの糸には超収縮性がある」という互いに矛盾した結果が観測されただけだった。これらの結果をどう説明して良いのか分からなくなってしまった。

そこで、「2つの相矛盾する結果がなぜ得られたのだろうか？」という疑問に対して、クモの糸の吸湿過程における力学測定とX線回折実験を組み合すことによって明らかにすることを試みた。獲物の飛来でクモの巣が強制的に伸び縮みしていびつな状態になっていても、吸湿によって巣として引っ張られているところは少し応力緩和が起こって、たるんでいる糸は縮んで適正な長さに修復できるしくみになっていることが分かった。

このように、クモの巣の伸び縮みに起因する修復機構は、極めて合理的で、自然界の不

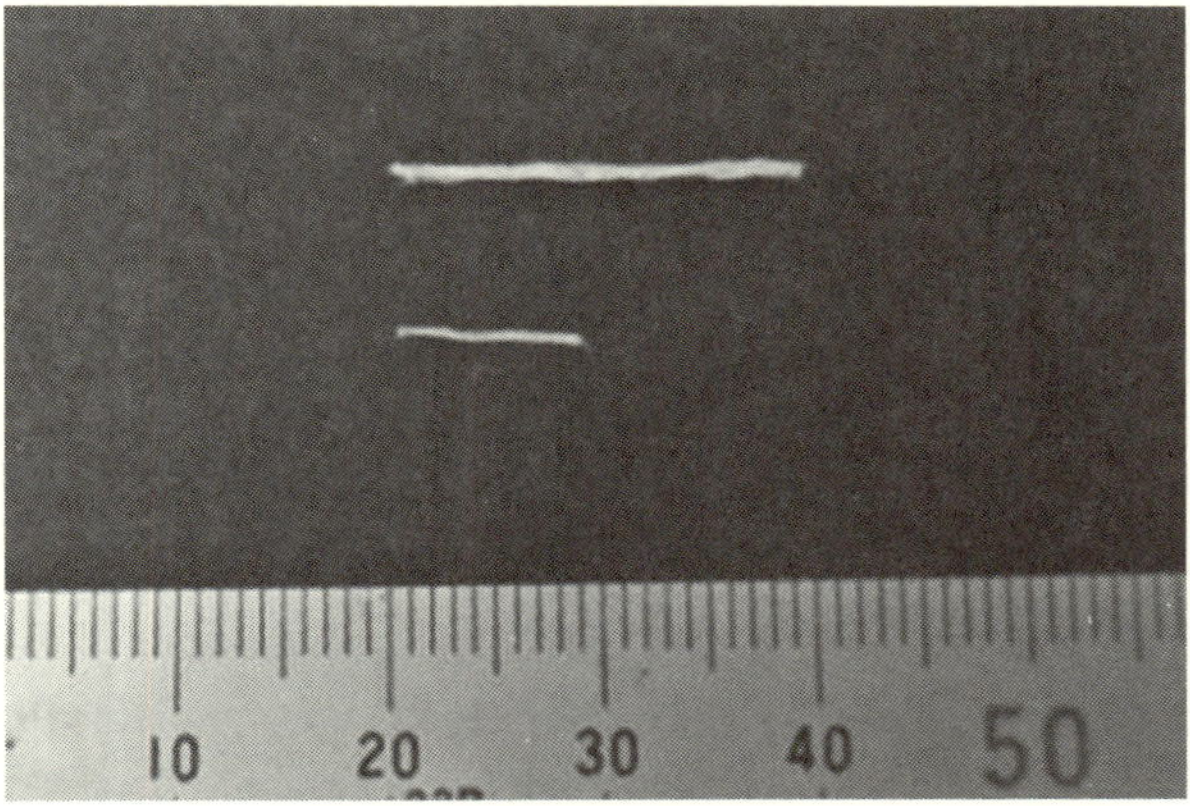

図8　吸水によって半分に縮んだクモの糸

思議な様々な分野のしくみ解明に役立つ可能性があると考えられる。この素晴らしいしくみはクモの4億年という長い進化の賜物と思われる。

クモの糸で作った紐《ひも》は吸水で半分近くに縮んで、乾燥しても紐の長さは縮んだままである。もちろん、吸水するまでと比べると太くなっている。しかし、その状態で力をかけても伸びにくいが、水を浸透させて力を加えると、再び伸びて初期に近い長さまで伸びることが分かった。つまり、吸水したクモの糸は伸び縮み可能なゴム状態なのである。通常のゴムと異なるところは、通常の合成ゴムは疎水性であるが、クモの糸は親水性であることが大きな違いである。

テレビ朝日の収録で、アナウンサーでキャスターの羽鳥慎一さんが2017年に来学されて、クモの糸の超収縮実験を行ったことがある。羽鳥さんの指の太さより少し長めのクモの糸束の輪っかを指に入れて、その指を水に浸けたときに指がどうなるかの実験であった。輪っかは緩いので水に浸ける前は指からすぐ抜けるのだが、指を3秒ほど水に浸けてみたところ、糸束が収縮し、指先が真っ赤に鬱血《うっけつ》してしまった。もちろん、急いで外すべくハサミで糸束を切り取った。このことは、クモの糸を物に巻き付けて少々たるんでいても、スプレーで水をかければ縮まってしまうことが裏付けされたのである。

4　クモの糸に学ぶ

糸のミクロの世界

巣の中で代表的な円網を張るクモは7種類の糸を出す。その中で命綱といわれる牽引糸、横糸に加えて、卵を守る役割を担う卵のう繊維のミクロ構造がどうなっているのか

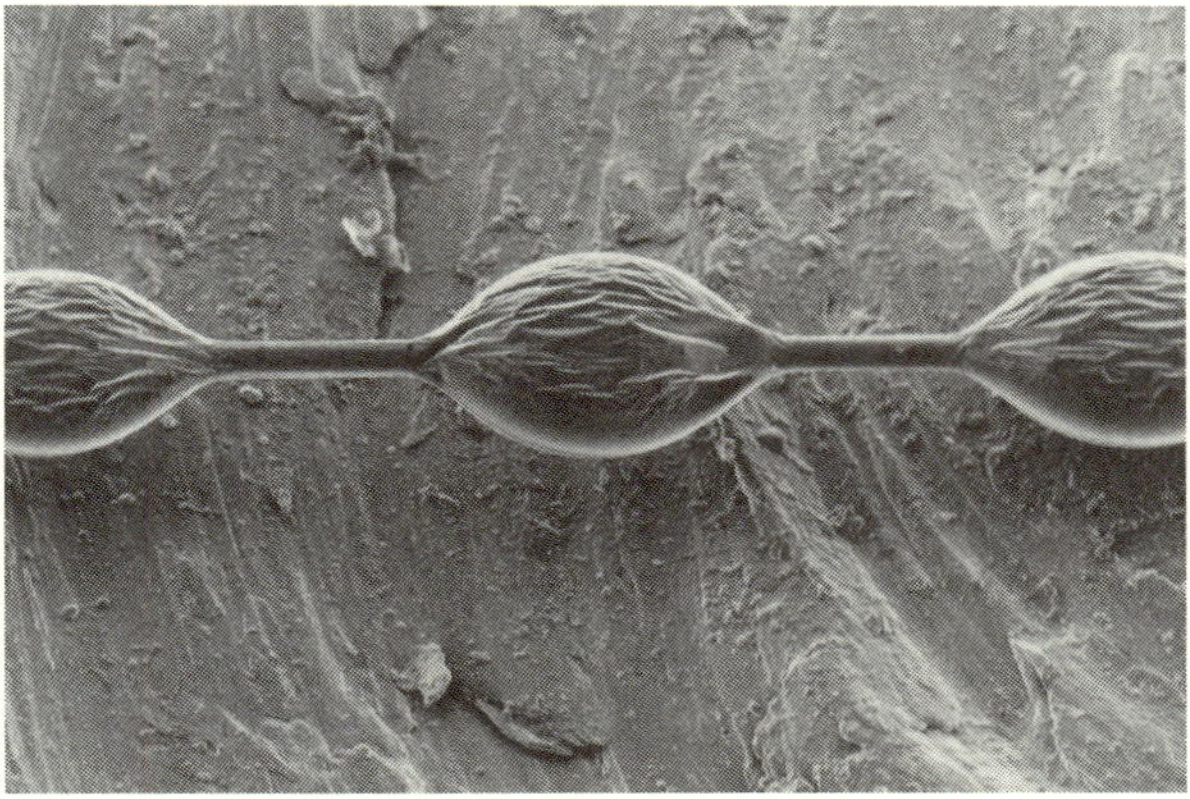

図9 横糸の粘着球

は興味深いものである。

オオジョロウグモの横糸の粘着球は一定の間隔を置いて観測される（図9）。この粘着球が飛来した昆虫の動きを抑制するのである。オオジョロウグモの牽引糸はクモがぶら下がるときに出す糸で、目視では一本に見える。ところが、電子顕微鏡で観ると2本のフィラメント（細長い繊維）から成っていることが分かる（図10）。他のクモの牽引糸も2本が平行に並んでいて、互いに接線部でくっついていることが分かる。これはクモが自発的に出した牽引糸である。

ズグロオニグモなどでは、クモの扱いに慣れない人が糸を出させると、ほとんどの場合は牽引糸以外の多くの細い糸も一緒に出す。クモから上手く牽引糸をサンプリングできたと思っていても、電子顕微鏡観察では牽引糸ではないことが多い。それらは力学測定用のサンプルとしては使えないので、ズグロオニグモの糸の採取には注意が必要である。

ズグロオニグモの卵のうの中には数百個もの卵がある。卵のうの表面はほぼ同じ太さの糸がランダムに織りなされ、しかも隙間があるのが特徴である（図11）。卵のうを作る際には織りなすだけではなく、接着剤で固定されている。卵のうの糸も拡大すれば2本のフィラメントから成り立っていることが分かる。

コガネグモの卵のう表面を調べてみると、太い繊維がところどころにあり、その間に非常に細い繊維がたくさん観察できる（図12）。ズグロオニグモの卵のうの組織とも異なっている。これらの卵のう組織は空気の出入りを含む保温と防御を含めた機能を発揮しているものと思われる。

糸から学ぶ危機管理術

クモは巣を張る時や巣から逃げる時、牽引糸を使ってすばやく逃げ降りる。クモの体

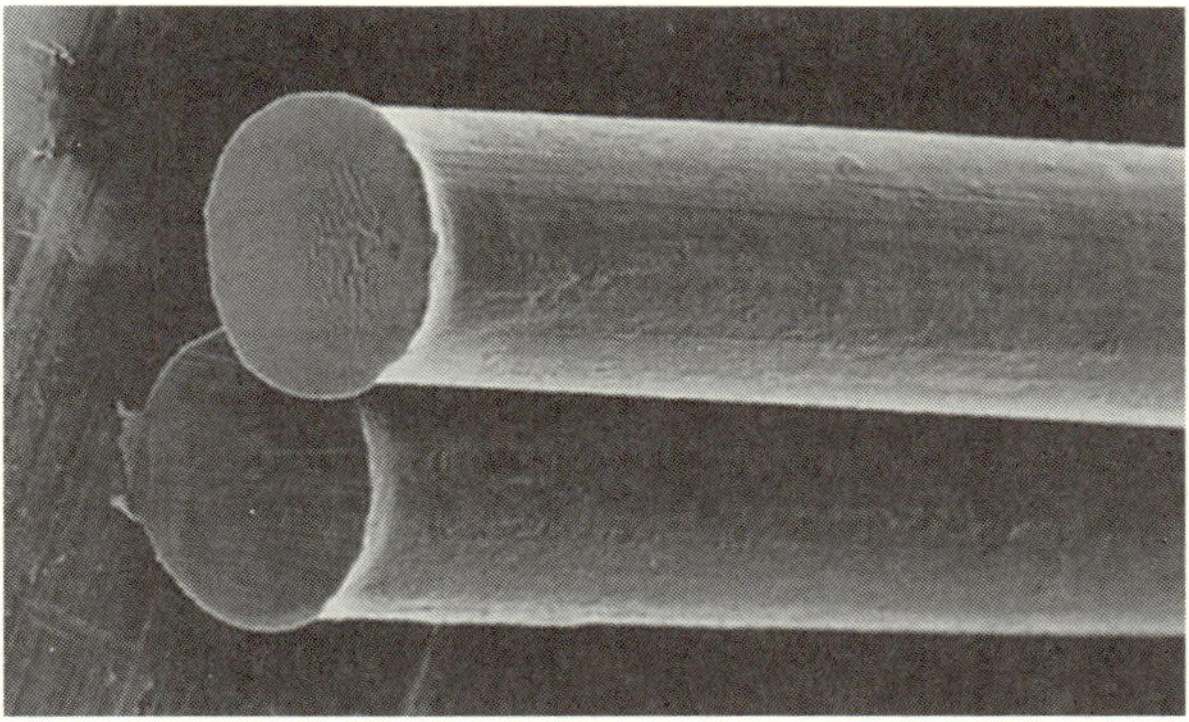

図10　2本のフィラメントから成るオオジョロウグモの牽引糸

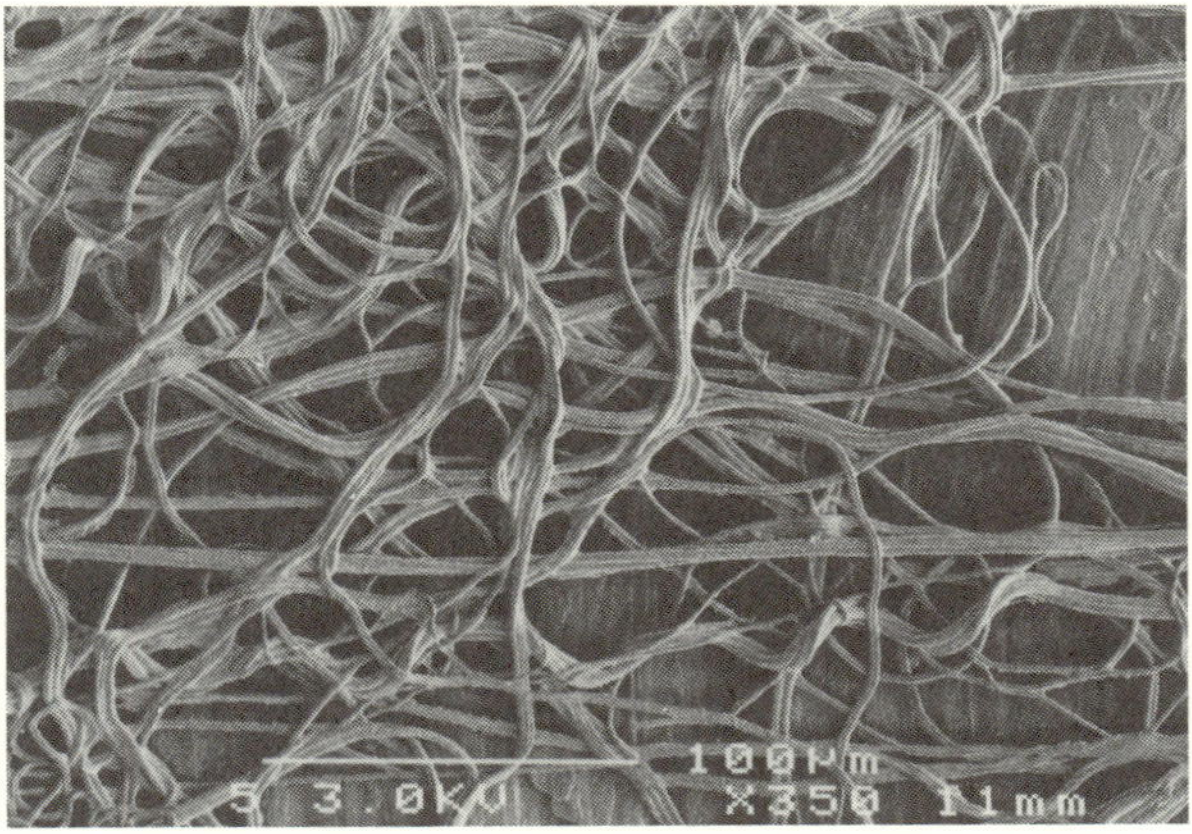

図11　ズグロオニグモの卵のう表面

重を支える細い牽引糸は、クモの生死を左右する重要な糸であることから、命綱と言われる（図13）。もちろん、落下すると死に至り、また、生き延びたとしても、衝撃のためにクモは動けなくなって糸を出さなくなる。クモにとっては、このような危険を避けるために命綱は欠かせないものである。

ジョロウグモは夏の終わりには約50㎎であるが、初秋になるとメスだけが成長して1g超まで重くなる。重くなったクモを見ていると、「クモは細い牽引糸にぶら下がっているのになぜ切れないのだろうか？」と不思議に思ってしまう。そこで、クモの重さを支える牽引糸の力学強度を調べてみれば、何かしくみが分かるかもしれないと考えた。クモの腹から牽引糸を強制的に引っ張りだすと、力を取り除いても糸が伸びきっているので、力学測定には使えない。それで、クモが木から自発的に降りるときに出す牽引糸をサンプリングし、それから張力–伸び曲線測定用のサンプルと電子顕微鏡用のサンプルを調製した。次に、クモの重さを計ることにした。

一般に、繊維の強さといえば、破断強度の値で比較することがほとんどである。ところが、破断強度の測定は破壊試験であることからデータのバラつきは大きい。それに対

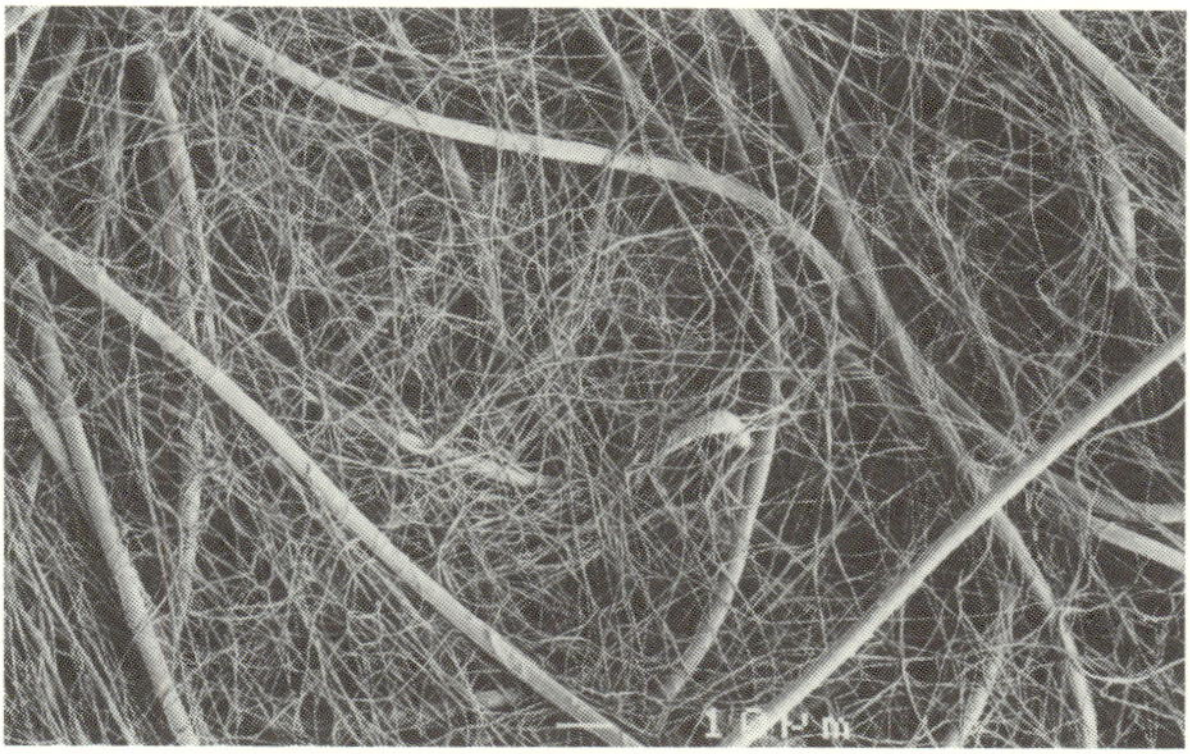

図12　コガネグモの卵のう表面

図13　命綱にぶら下がったジョロウグモ

して、正常なバネのように加えた力と伸びに比例する線形領域（弾性領域）では、データの再現性は良いはずである。そこで、私は破断強度よりも正常なバネが機能する弾性領域の限界点における力学的強さである弾性限界強度に注目してみることにした。重さの異なるジョロウグモから取り出した糸の弾性限界強度を測定し、それらの値をクモの重さに対してプロットした（図14）。その結果、弾性限界強度は体重にほぼ比例して大きくなった。私は比例したのに驚いて、グラフに釘づけになった。「プロットした時のデータの傾きはどうなっているのだろうか？」ということに関心が移った。すると、なんと約2という簡単な数値になったのに驚いた。この数値は、牽引糸の弾性限界強度は体重の約2倍であることを意味していた。もともと私は、自然界の現象が単純な数式で表せることに興味を持っていたから〝2〟という数値に非常に興奮したものである。ここで、弾性限界強度をクモの重さで割った値を安全率とすると、命綱の安全率は2ということになる。

しかし、「なぜ2倍なのだろうか」と疑問が湧いてきた。そこで、私は牽引糸を電子顕微鏡で調べれば、何か構造に関するヒントが得られるかもしれないと考えた。牽引糸

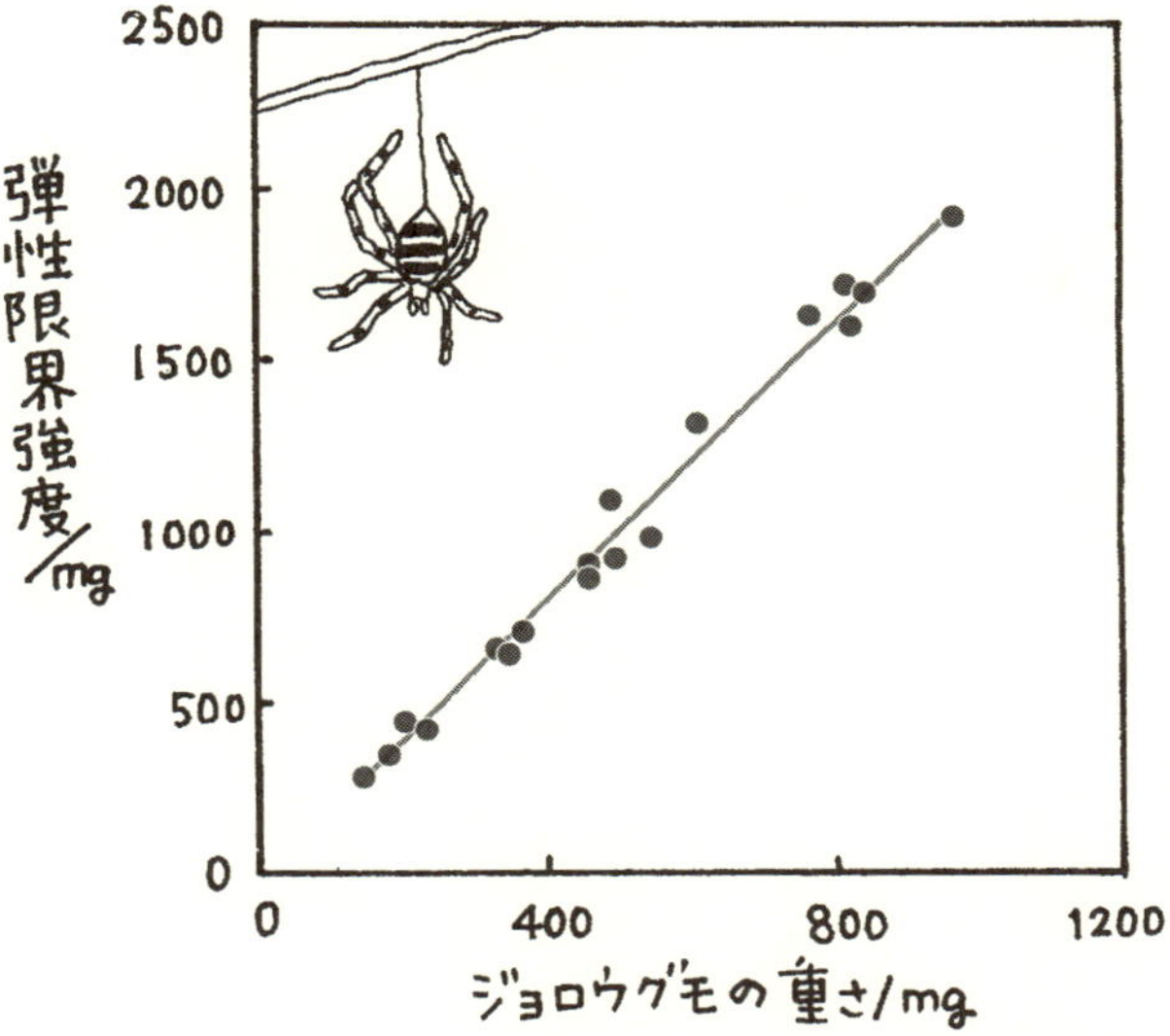

図14　ジョロウグモの重さと糸の弾性限界強度

（命綱）はクモがぶら下がっているときには人間の目では1本の糸にしかみえない。しかし、電子顕微鏡で観察してみたところ、なんと牽引糸は円柱状の細い2本のフィラメントが平行に並んでいることが分かったのである（図15）。

この事実は、1本のフィラメントの弾性限界強度とクモの重さが釣り合っていることを意味する。そのため、2本のフィラメントのうち、1本は余分となる。しかし、牽引糸の2本のフィラメントのうち、1本のフィラメントが切れても、残りの1本でクモの重さを支えることができることから、1本のフィラメントは〝ゆとり〟としての役割を果たすことになる。この余分と思われる〝ゆとり〟こそが、危機時に役立ってくれるのである。

コスト的に最も効率的なのは、クモが1本のフィラメントだけで支えられることである。しかし、1本のフィラメントであれば、切れてしまえば命の保証はない。また、弾性限界強度がクモの体重の2倍であるような太いフィラメントであっても、どこかに亀裂が入ればすぐに切れてしまう。このようなことから、命綱が2本のフィラメントからなることが最適なのである。安全性とコストの観点から、最小の〝ゆとり〟を持ちつつ最大の効率性を示す牽引糸によって初めて、クモの俊敏な活動性が保証されていることが理解できる。ここに、クモの命綱に関する「〝2〟の安全則」を見つけたのである。

この「〝2〟の安全則」はクモの4億年もの進化の歴史の賜物であり、危機管理という観点から極めて重要な意味を持っている。そして、クモの命綱から見つけた安全則に関する私の論文が、1996年の『ネイチャー』誌にハイライト版として掲載された。その頃、イギリスとフランスの間のドーバー海峡海底トンネルでの事故で経済活動がスト

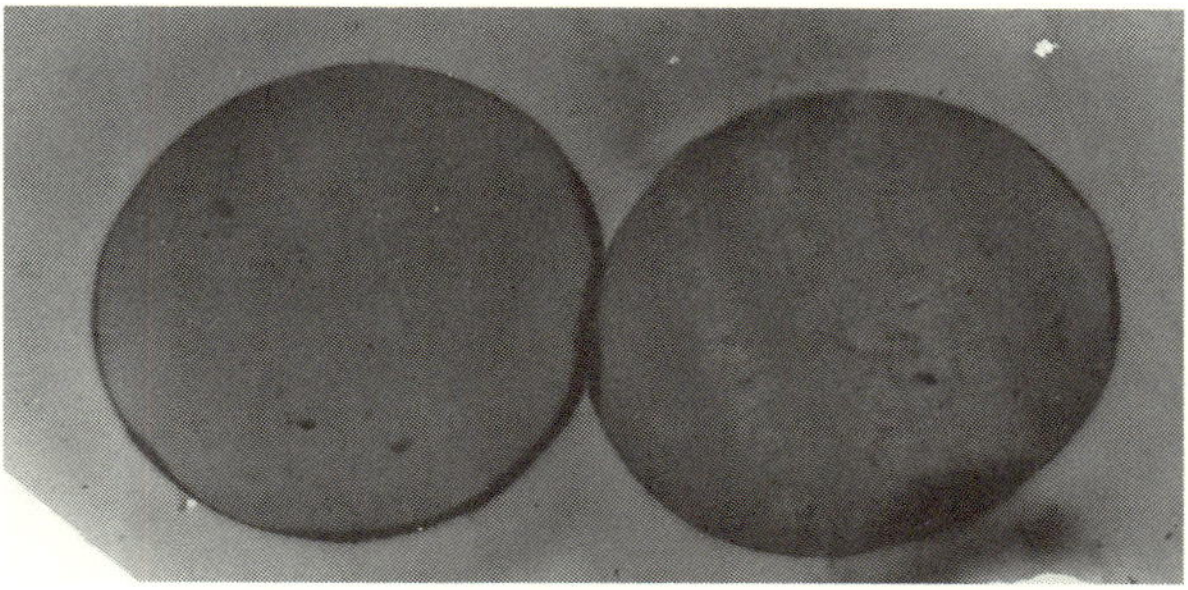

図15　2本のフィラメントからなるジョロウグモの命綱の断面

ップしてしまい、「もう1つのトンネルを作っておくべきであった！」などと、私の論文の「〝2〟の安全則」がヨーロッパで議論されたことがある。

「〝2〟の安全則」は、トンネル、橋、エレベーター、家屋などの構造物や紐などの工業用素材の安全性のみならず社会科学的な危機管理に対して重要なヒントを与えてくれる。人々の生命に直接関係する建造物の設計は詳しくコンピューターで構造計算できるので、安全性は十分考慮されているものとばかり思っていた。ところが、建造物の総合的な安全率の計算はなかなか難しく、どの基準が良いのかは設計者の意向によって決まることもわかってきた。確かに、複雑な計算であって、仮定するパラメーターの値によって大幅に変わってくることを私などは古くから経験している。今まで、どのようなレベルの安全性を確保して設計すれば適切なのかという基準の根拠がはっきりしていないのである。

「〝2〟の安全則」の考え方は、防犯用に玄関の鍵を2個つけ、また、火災などの非常事態での避難に備えて非常口を設けるケースなどに適用できる。

5 クモの糸は強い！

クモの糸が切れて頭を強打！

「クモの糸はスチールより強い」という言葉がよく使われている。多くの人はこの言葉にごまかされる。実は「同じ重さで比較する」という言葉が隠されているのである。この論理であれば、密度1・28g／㎤のクモの糸を密度7・86g／㎤のスチールと比較すると、密度の近い絹糸や合成繊維などもスチールよりも強いということになり、クモの糸だけの特徴ではないことになる。やはり、多くの人が常識的に受け入れられる単位断面積あたりの強度、すなわち応力値で比較すべきである。

スチールや合成繊維であるケブラーの破断応力は大きいがあまり伸びない。また、世の中には柔らかい素材はたくさんある。しかし、クモの糸のように柔らかくて強いという両方の性質を同時に兼ね備えた素材はどこにもない。結果として、クモの糸の破断に至るまでの破断エネルギー、つまりタフネスは他の素材よりはるかに大きい。つまり、クモの糸は非常に切れにくいのが特徴である。ここに、ジョロウグモのタフネスを求めてみると、277MJ／㎥となる。一方、絹糸のタフネスは生糸では約68MJ／㎥となり、大きな差があることが分かる。それでも、細いクモの糸が強いという話を、実感として受け入れてくれる人はほとんどないのだ。

芥川龍之介の小説『蜘蛛《くも》の糸』では、「クモの糸は強い！」という印象を持っている人が多い。しかし、人々は屋外で通行の邪魔になったクモの巣を手ですぐに壊すことができることから、クモの糸がそれほど強いとは思わない。この事実から、多くの人は「現実の世界と小説の中の黄泉《よみ》の世界の話とは全く違うのだ」と言って、「クモの糸も本当は弱いのだ」と納得することができる。このようなことから、人がクモの糸にぶら下がるという話は、長い間夢に過ぎなかった。ただ、人がぶら下がるとなると、多くのクモから時間をかけてたくさんの糸を集めねばならず、糸集めの作業は至難の業である。細い1本の糸の強度から、人がぶら下がるだけの強度を単純に計算しただけでも、驚くほど多くの糸が必要になる。それでも、人がクモの糸の集合体にぶら下がることができれば、実用的な強度を評価できる第一歩となるかもしれない。現世において人がクモの糸に本当にぶら下がることができるのかどうかを試してみるのも面白いものである。ただ、必要量の糸が計算できても、本当にたくさんの糸を集めるとなると、まずは多数のクモを集める必要があり、次に糸取りをどうするのかなど、時間が結構かかることを考えると現実的には不可能に近かった。

2004年の春のことであった。日本テレビの「所さんの目がテン！」の番組のディレクターから「クモの糸で人をぶら下げてみませんか？」との話が持ち込まれた。最初は無謀なことと思いためらっていたものの、最終的に話に乗ってみることにした。スタジオではクモの糸束にぶら下げた籠にスイカを順次乗せていって、最後に女性を乗せるというシナリオであった。事前の強度計算では、何とかなるはずであった。合計20kgまではスイカを乗せることに成功した。横で立ち会っていた私はスイカを乗せる毎に糸が大きく伸びているのを見ているといつ切れるのかと思い、気が気でなかった。そして、ついにその時が来たのである。次のスイカを乗せたときに糸が切れてしまった。そのときの私は呆然《ぼうぜん》とし、頭の中が真っ白になってしまった。糸取りに慣れていない鹿児島の中学生が精いっぱい努力して集めた糸の量なので、予備の糸などなかった。やり直しもできず、目的の人がぶら下がるまでに至らなかった。そのリベンジとして年末特集編ということで、伊藤四朗さんも立ち会って、私が以前から集めていた糸束も加えて再びスタジオで実験した。ところが、2度目は小学生が籠に乗ろうとしたものの、あっけなく切れてしまうなど、惨めな年であった。

２００６年になって、３００匹のコガネグモから根気よく19万本のクモの糸を集めた。すべて自分でやってみようと思い、我が家のウッドデッキにある大きな木に綿ロープを巻き付け、綿ロープとハンモックとの間にクモの糸束を直列につないだ。ハンモックに体重65kgの私がクモの糸でぶら下がることに初めて成功した（図16）。その直後の5月に、名古屋国際会議場で行われた高分子学会でその件を発表したところ、会場には立見席ができ、しかも入場できない人がでたのである。クモの糸に人がぶら下がることが成功して、芥川龍之介の『蜘蛛の糸』の黄泉の世界を実現し、クモの糸は強いという実感を多くの人々に与えたことは確かである。

一時的にハンモックに腰かけてクモの糸にぶら下がれたとしても、時間とともに細い糸が少しずつ切れるので、とても耐久性のある丈夫な紐とはいえないものであった。実際に、長い時間ぶら下がっていたときに糸が切れて頭を強打し、脳外科でＣＴスキャンを撮ったこともある。

クモの糸に何人ぶら下がれるのか？

クモの糸に一時的にはぶら下がれても、少し長い時間となると切れてしまっていた。「切れやすいクモの糸束を何とかしなければ」という思いが、私の頭の片隅に残っていた。２００９年5月にクモの糸にぶら下がるというデモを入れた講演会が予定されていた。しかし春になって関西で新型インフルエンザが流行し講演会は秋に延期になった。その期間を利用して、デモ用の15㎝長と短い糸束をバイオリンの弦に使えないかと思い始めた。バイオリンの弦となると、長時間引っ張り強度に耐えなければならないのであ

図16　クモの糸にぶら下がる著者

る。しかも、15㎝という短い長さでは弦として当然のことながら無理だったので、クモの糸取りから仕切り直さなければならなかった。長年のクモとのコミュニケーション術を生かし、試行錯誤を繰り返しつつクモから長い糸を取り出すことに集中した。長い糸から弦らしきものを作ったが、切れてばかりであった。試行錯誤の末、やっと細くて切れにくいバイオリン用の弦作りに成功した。

クモの糸の弦をセットしたバイオリンでの音声スペクトルは、倍音が非常に多くて、柔らかく深みのある音色と評価され、世界の名器ストラスヴァリウスと遜色ないことも分かってきた（図17）。この結果の論文は2012年の米国の物理学会誌『フィジカル・レビュー・レターズ』に掲載され、その内容が英国のBBCをはじめ世界の25か国以上で報道された。

クモの糸で作ったバイオリンの弦は非常に切れにくいので、それを参考に今度はぶら下がり用の切れにくい紐を作ることにした。つまり、何年間かのぶら下がりにおける失敗の経験がバイオリンの弦作りに役立ち、逆にバイオリンの弦作りの失敗がぶら下がる時の紐作りに役立つようになったのである。それが実現したのが2016年であった。

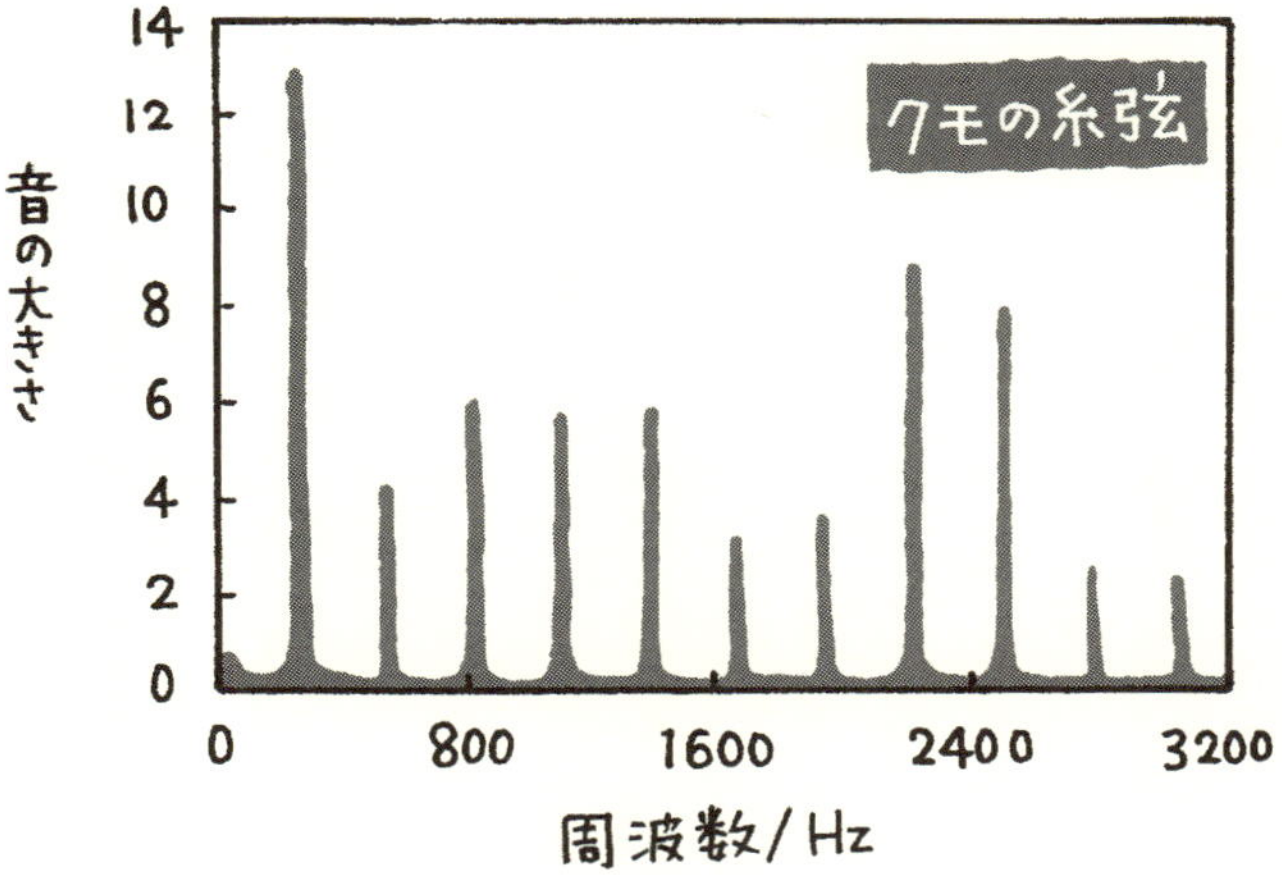

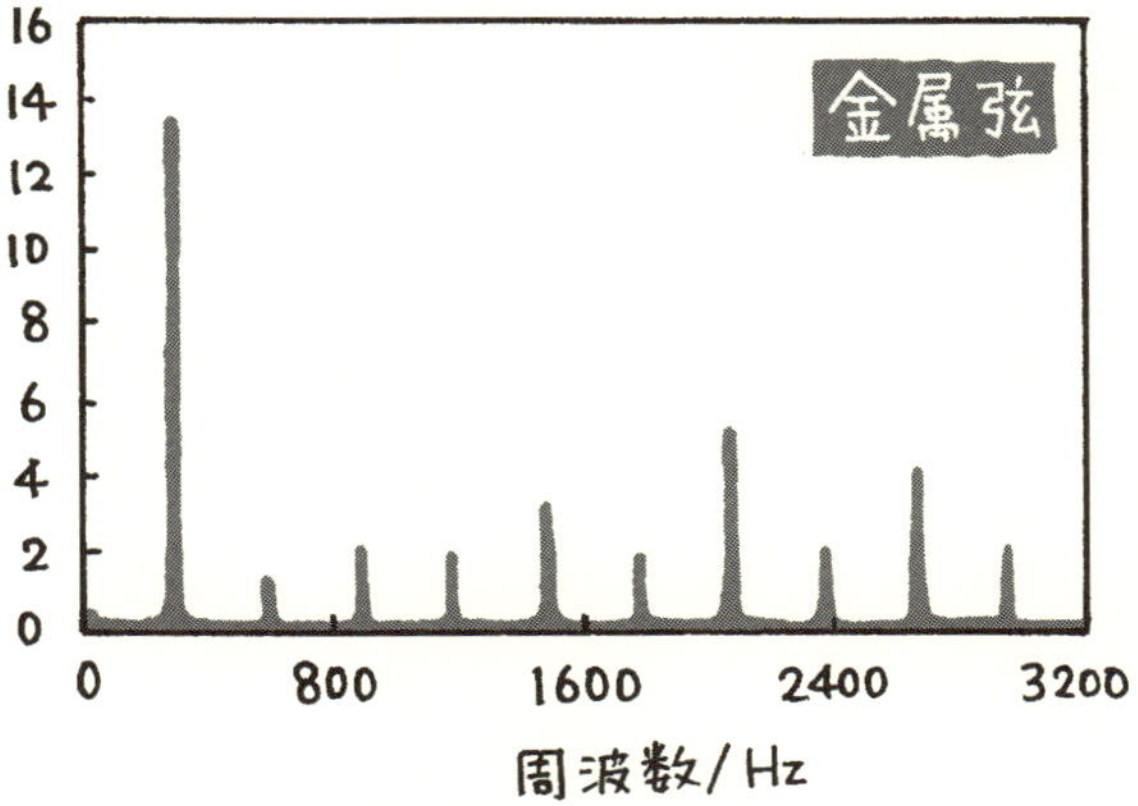

図17　バイオリン弦のパワースペクトルの比較、基本音は297Hz

２０１６年春になって、日本テレビの「内村てらす」という特番で、大学の中庭でクモの糸で作った紐（太さ１・５㎜）に人がぶら下がるシーンを撮影することになった。その時、千鳥として活躍している２人のタレントの大悟さんとノブさんが来学した。当日は大学入試後の２月末で最も寒かった。大学の中庭にあるサクラの木と木の間に太い綿ロープを渡し、そのロープに金属の輪っかをはめ、クモの糸紐をその輪っかの中を通し、その糸紐に人間がぶら下がるというものであった。糸紐が切れるか、それともぶら下がっている人が力尽きて落ちるかであった。落ちれば下方にプラスチックのプールに溜《た》めた水の中に落ちるという案であった。しかし、最終的にはプールにデンプン粉をまぶして、落下者は粉で白くなるという設定に変更された。汚れても大学の附属病院のシャワーが使えた。

最初は千鳥のノブさんや大悟さんがぶら下がり、力尽きて粉に落ちて体中が粉まみれで、取り囲んでいた大学の多くの学生や職員の笑いを誘った。もともと、当時の私には腕力などなかった。その数日前に鉄棒でぶら下がる訓練をしたが、５秒しかぶら下がれなかった。次は私がぶら下がる番となった。私は、すぐ落下して粉まみれになることは覚悟していた。若い大悟さんらと比べても力が極端に劣ることは火を見るよりも明らかであった。とにかく、ぶら下がってみることにした。ぶら下がった数秒の間に頭をよぎったのは、「落ちて粉にまみれても、シャワーを浴びることはできる。しかし、当日は非常に寒い日であったので、シャワーを浴びると風邪をひく可能性が高いので、どうしても落ちるわけにはいかない」と思い始めた。しかし、私には腕力はない。しかし、逃げるところもない。風邪をひくと長引くので、何とか落ちないようにと思い、必死にぶら下がり続けた。その結果、1分半もの間ぶら下がることができ、何とか落ちないように横にシフトして降りたのであった。これは私にとっては奇跡と思えたが、もっと暖かい時であればおそらく落下していただろう。後で考えれば、大悟さんとノブさんはテレビ番組の趣旨を理解し、意識的に落ちたのである。一方、私は健康のことを優先してそのときの空気を読んでいなかったのである。

2018年の初夏の暑い日のことであった。フジテレビの「関ジャニ∞クロニクル」という番組の、「スルーされたニュース」というコーナーで、大井ふ頭中央公園で関ジャニ∞の村上信五さんと丸山隆平さんと私の3人でロケがあった。それは、大スターのイチローの初ホームランの記事がスポーツニッポンの一面に大きく掲載された2012年4月20日に、私がクモの糸でバイオリンの弦を作ったという記事が日本経済新聞にこぢんまりと掲載されたことによっていた。

当日は、公園でクモの糸の弦でバイオリンを弾き、クモの糸の紐につないだハンモックにタレントが乗る予定であった。それまで、ハンモックに1人が乗ったことはあるが、2人が乗るというケースは初めてであった。まずは、65kgのタレント丸山さんが乗った。これは問題なく成功した。次に、2人目の60kgの村上さんが乗ることになった。2人の場合は計算上問題ないとしても、力のバランスは重い1人とは全く異なっているので、成功してほしいという期待感と、切れるかもしれないという不安感が錯綜《さくそう》していた。

1人が乗っている横に2人目の村上さんが慎重にハンモックに乗ってくれたためか、なんとか乗ることに成功した。これで当日のロケは終わりと思っていた。ところが、村上さんが、「先生、乗りましょう」と声をかけてきた。しかし、私はかなりためらった。それは、計算上は3人が乗っても問題ないはずだが、ぶら下げる時のスタンドと紐の相性は接触部によって大いに変わってくることを何度も経験していた。私はその場で相性をチェックする時間もなかったため、一か八かやってみることにした。そこで、足を上げてハンモックに乗っている2人の膝の上に私が腰を掛けるようにして乗ることにした。私は注意深く、ゆっくり腰を下ろした。腰を下ろすや否や、上方から棒が落ちてきた。もちろん、クモの紐が切れてしまったのだ。タレントの2人は直接地面にしりもちをついて衝撃を受けたが、私は上から落ちてきた棒を咄嗟《とっさ》に手で支えて誰にも当たらずに済んだのは幸いであった。しかし、視聴者にとっては、このような失敗が何よりの喜びであるかもしれない。しかし、私にとっては切れたクモの糸は二度と使えなくなるので、落胆したものである。同じようなものをもう一度作るには多くのクモと糸取りに日数が必要なので、心の中で「ああ！　どうしようか？」と溜息《ためいき》をつくばかりであった。力学計算では可能でも、クモの糸の輪っかとそれを支える棒と相性の問題があったことになる。ただ、クモの糸に2人が乗ることに成功したのは、せめてもの慰めであった。

第二章　やっぱりカイコはすごい

1　絹糸を知る

絹糸とは?

日本人の多くの人に馴染み深い「赤とんぼ」の歌詞第一番が「夕焼け、小焼けの　あかとんぼ　負われてみたのは　いつの日か」で、第二番が「山の畑の　桑の実を　小籠に摘んだは　まぼろしか」である。この歌は代表的な「ふるさとの歌」として多くの日本人に知られている。歌の作詞者は明治時代にしょうゆやそうめんで知られている兵庫県龍野市で生まれた三木露風である。大正から昭和時代には日本の各地でカイコの餌として桑の葉を摘んでいた。田舎生まれの人は、桑が小さな実を結び、熟すると紫黒色となり、それを食べると甘い味がするという思い出があるようだ。

かつての日本は絹大国であり、日本の養蚕農家は昭和初期である1930年には22

0万戸もあり、農家の約1／4が養蚕、つまりカイコからの繭づくりを行っていた。日本にとって特筆すべきことは、明治政府が1872年に群馬県の富岡で開業した官営工場であった富岡製糸場が、2014年に「富岡製糸場と絹産業遺産群」としてユネスコの世界文化遺産に登録されたことである。

絹織物は見た目の美しさや手触りの良さを意味する風合い、また光沢という点で優れている。また、絹糸はいろいろな色に染めることができる。さらに、絹鳴りという、絹糸らしい上品さ、優雅さを象徴する魅力的な特性を持っており、長年にわたって高価なものとして位置づけをされてきた。このような特徴を持つ絹糸は「繊維の女王」と言われてきた。

絹糸は人々の衣生活において、古くから日本だけではなく世界的に重要な位置を占めていた素材である。日本の養蚕農家数は1930年の220万戸から、2016年に至っては349戸と見る影もなくなってしまい、今や中国での養蚕が主流となっている。それでも50年以上前の日本では、多くの女性は成人式、卒業式、結婚式、葬式などの冠婚葬祭用に絹の着物を新調し、それらを着用する機会も多かった。ところが、昨今では、合成繊維の台頭に押されて、絹の着物を着る機会はかなり減ってきた。ただ、品質の良さゆえに一定の根強い需要はある。

絹糸が得られる繭を作る昆虫と言えば、桑の葉を食べるカイコだけではなく、桑を食べない20種類以上のガと1種類のチョウが挙げられる。繭を作る虫の中でカイコから得られる絹糸は、世界で取引される商業用シルクのほぼ99％を占めている。カイコの絹糸は主として衣服に利用されてきており、長きにわたる人類の衣生活における中心的存在の一つであった。カイコの吐き出す絹糸は古くから貴重品であったので、カイコは大切に扱われてきた。人間はカイコと桑の葉という組み合わせを上手に利用して養蚕業を確立してきたことになる。

絹糸は古くは同じ重さで黄金と比較されるぐらいの価値があり、高貴な人々しか縁がなく、合成繊維が幅を利かすまで最もよく研究されてきた繊維である。しかし、合成繊維の勢いに押されてその需要とともに絹糸の研究者の数も減ってしまった。私は35年ぐらい前からクモの糸との比較として絹糸の研究を始めたが、その頃から日本の養蚕農家数は激減の一途をたどっていることを切実に感じていた。ただ、最近になって絹糸のミクロ構造の研究からマクロ構造を説明し、また新しい紡糸方法に取り組む報告も見られるようになってきた。

ここで、人々の長い生活史の中で、カイコからの絹糸が生活にいかに関与してきたかについて、ここで紐解《ひもと》き、今後の絹糸の展開について触れてみたい。

養蚕業の秘密主義と女性

多くの人になじみのある「シルクロード」という言葉は、19世紀末になってドイツのリヒトホーフェンによって最初に名づけられたものである。古代中国が独占していた特産品である絹が中央アジアを横断して西方の地中海地域にもたらされた東西交通路のことである。シルクロードの起点は中国の西安であり、東へは日本に至っていたことは正倉院の御物に表れている。

地中海域で文明の発達していたギリシャやローマの貴族たちは生糸の白さと精巧さに驚くとともに、その高価で美しい織物を入手していた。中国の秘密主義のために、貴族たちは、セレスという言葉は生糸や絹織物のことを指し、また東方の国を指すなど漠然と使われていたことから、入手した絹織物を作る国がどこであるのか知らなかったと言われる。

２０００年以上前には中国が絹糸を独占販売していたことは知られているが、「野生のクワコが家蚕化されてカイコとして飼われ始めたのはどこの地域なのだろうか？」という興味ある問題がある。これに関しては、カイコの祖先とされるクワコが今でも中国の揚子江流域に求められることや、中国の遺跡である殷墟《いんきょ》から発見された甲骨文字のなかに蚕、糸、桑、繭があること、さらに青銅の斧《おの》や壺《つぼ》に附着していた布が絹織物であったことなどの根拠から、養蚕の起源は約５０００年前の中国の揚子江流域であると言われている。つまり、この頃の中国ではすでに人間によるカイコの飼育が始まっていたのである。この養蚕こそ、人々が絹糸の量産化への道を切り開いてきた証《あかし》なのである。野蚕のガは求愛でメスのところに飛んでいけるが、カイコの成虫は翅《はね》があっても食用とする桑の葉を探すためでも移動することはできない。移動できないカイコは、桑の葉を与えて、人間のコントロールできる範囲で飼育しない限り生き延びることはできないのである。

家蚕化の始まりに対して言い伝えがある。それは、中国古代の伝説上の帝王である黄《こう》帝《てい》の正妃が初めてカイコの屋内養蚕法を発見し、その普及に熱心であったとされることである。正妃が道祖神（行神《こうしん》）として祭られているなど、養蚕には女性がキーパーソンになっている。古くから中国で生産されていた貴重な蚕種を国外に持ち出すことは厳禁で、絹の製法を国内でも秘密にするなど、中国では厳しい掟《おきて》があった。掟を破ると、死刑にされるなどの厳罰が待ち受けていた。中国は秘密主義を維持し続けることによって、絹製品を独占的交易品とし、経済的に潤っていたのである。

中国の厳しい掟にもかかわらず、秘密裏に蚕種が国外へ搬出された事件が発生したことがある。その事件が絹糸の世界史を大きく塗り替えるきっかけとなっている。それは、次のような事件である。1～2世紀の頃に、中国の王女がホータン王に嫁ぐとき、国外搬出が禁止されていた桑種子と蚕種を、密《ひそ》かに結婚衣装の角隠しの中に隠してホータン国（現中国新疆《しんきょう》ウイグル自治区）に持ちだしたのが、養蚕が中国外へ伝播《でんぱ》した最初であると言われる。

ホータン国で養蚕が定着するようになった。その後の西暦550年頃にホータン国からビザンチン帝国（現イスタンブールを中心とした国家）に竹の杖《つえ》に隠したカイコの卵を持ちこみ、カイコを育てて、繭から糸を巻き取る技術を教えたという話にも繋《つな》がってくる。中世にはキリスト教会での使用量の増大もあってビザンチン帝国の絹産業は大いに栄え、養蚕は次第にヨーロッパに普及していった。ヨーロッパで絹の一大生産地となるフランスへ養蚕が導入されたのは13世紀の頃と歴史が浅い。

養蚕業の歴史は、女性の活躍なしには語れない。古くから世界的には最大の絹産地であった中国での養蚕業を支えていたのは主として女性労働者であった。日本でも、古代から桑、カイコ、繭糸に女性が関わっており、明治以降の製糸工場を見ても、労働者の大部分が女性であった。第二次世界大戦まで地方では数百人以上も女工を抱える製糸工場が多く存在し、日本の製糸業は女性に支えられていたのである。製糸工場が急増し、規模も拡大されていくと、労働力として農家の娘が必要になった。映画にもなった『あゝ野麦峠』（山本茂実著）は、製糸業での人手不足の頃の女工の悲惨な話である。

このように、屋内での養蚕法を見つけ、養蚕業を世界に広めるきっかけを作ったのは女性であり、また、多くの国で養蚕業の現場を支えてきたのも女性であった。

絹織物は高貴な人のため

古くから、麻や綿などの植物繊維は人々の衣服材料として使用されてきた。大学の研究室の窓からすぐ近くの香久山《かぐやま》を見ながら万葉時代を想像してみるのが次の句である。万葉集で有名な「春過ぎて　夏来《きた》るらし　白たへの　衣乾したり　天の香久山」にある「白たへの衣」は、紙の原料にもなった楮《コウゾ》で、楮の衣を「たへ」と詠んだものである。一方、動物繊維である絹の衣服となると、当時から誰でも着用できるわけではなかった。『日本書紀』や『続日本紀《しょくにほんぎ》』によると、各地から納められた絹製品は貴族や諸臣の衣服となっていた。また、持統天皇の頃の大嘗祭《だいじょうさい》には公卿《くぎょう》以下の役人に絹などを下賜したり、高貴な人を宴《うたげ》に招き、絹織物を引出物に使ったりしていた。このように、絹の衣服は貴族のような高貴な位の人しか着用できなかったのである。

平清盛は、宋《そう》との交易で絹織物の輸入を積極的に進めていた。また、清盛は後白河法皇に絹と金を送り届け、滋賀県の三井寺《みいでら》との抗争の時期に、味方につけるべく延暦寺に米と絹を送っていることから、絹糸は米や金に匹敵するほどの価値があったようである。源頼朝も世の中を治めるために、絹や絹織物を上手《うま》く使っていた。鎌倉後期の『吾妻《あづま》鏡《かがみ》』には、絹と絹織物が朝廷への献上、寺への奉納、僧への布施などに用いられていたことが記載されている。豊臣秀吉は驚くほどたくさんの金や銀を手元に集め、それを使って大規模なスケールで絹織物などの輸入品を買い集めていた。秀吉自身は絹の衣服を好んで身につけており、京の絹織物の生産を奨励していた。徳川家康も絹糸に目を付けており、大名や豪商から数多くの絹織物を受けとるとともに、家臣や使節に衣服を与えているなど、絹織物は財源にしたり、部下をコントロールするのに使っていた。江戸時代の鎖国後も、日本に大量に輸入される生糸や絹織物の対価として膨大な量の金、銀、銅が海外へ流出することになった。そのため、高価な生糸の輸入を制限するとともに、諸藩では参勤交代による財政負担を補うために、産業振興策として養蚕業に力を入れることになった。

江戸時代の1615年には、「武家諸法度」という法令の中で、下級武士、町民、農民などは絹の着物の着用は禁止されていた。ただ、くず繭である真綿《まわた》から糸を紡いで織物にした着物の着用は許されていた。その後、名主妻子を始め、譲ってもらった絹の着物を着ることは許されており、いろいろ抜け道があった。元禄時代においては、質屋で武具や金物よりも絹が重宝されており、公家《くげ》や武家が高級絹織物を質に入れることも珍しくなかったという。江戸時代の庶民は、カイコを飼って繭から糸をとり、機を織るという仕事をしていたものの、絹の着物の着用を禁止するお触れがでており、絹製品の着用は許されていなかった。ただ、お触れには、グレードが落ちる屑絹である紬《つむぎ》が禁制品から除外されたことから、上田紬、結城紬《ゆうきつむぎ》、大島紬などが出現し、紬で着物を仕立てるという庶民の知恵が生まれている。

明治以降になって絹の着物を着ることを許された庶民であったが、絹製品は高価であったため簡単には手に入らなかった。それでも、かなり遅れて1950年代後半の日本の高度経済成長期になると、庶民でも着用する人が徐々に増えた。1970年代ともなると、成人式、卒業式、結婚式などへの出席には親に絹の着物を買ってもらっていた人が多かった。もちろん、娘の結婚となると親が多くの絹の着物を揃《そろ》えて、嫁に出すというしきたりが一般的であった。また、訪問着やお宮参りにも着物を着ていた。ところが、2010年代になると、成人式、卒業式などは貸衣装に移行してくるなど、庶民が絹の着物を購入して着用したブームはほんの数十年というわずかな期間にしか過ぎなかったことになる。

2　絹糸の性質と構造を探る

大学院時代に合成高分子を扱ってきた私は、40年ほど前から趣味として天然高分子であるクモの糸やコラーゲン線維の研究を始めることになった。そのとき、クモの糸の性質を調べる場合に、比較サンプルとして絹糸を用いていた。１９９５年に松江市の島根大学に赴任してから、クモの糸の研究を本格的に始めることになったときも、絹糸をクモの糸の比較用サンプルとして用いてきた。出雲《いづも》市にある繭検定所（その後、島根県農業技術センター）や、森鷗外《おうがい》の生誕地である島根県津和野の隣の日原町にある絹工場を見学した。また、琵琶湖《びわこ》の北部で滋賀県長浜市にある豊臣秀吉と柴田勝家の合戦の場として知られる賤ヶ岳《しずがたけ》の麓の西山地区と大音地区を訪ねて湯の中の繭から糸を引く現場に立ち会った。また、近世に宿場町として繁栄していた長浜市木之本の駅近くの丸三ハシモトで絹糸から琴用の絃の製造現場を見学した。次に、京都市にある琴や三味線の弦を作っている老舗《しにせ》の工場を見学したり、京都市の西陣織物協会を訪れた。さらに、茨城県と栃木県を主な生産地とする絹織物である結城紬は国の重要無形文化財であるが、茨城県結城市の工業試験所を訪問するなどして、絹に関する基礎知識や実用的な側面に関する知識を増やしていった。このような知識をつけながら、クモの糸との比較研究を行うことにした。

図1　家蚕の作った繭

絹糸のミクロの世界

家蚕のカイコの作った1個の繭（図1）からは1300〜1500mの長さの糸がとれる。精練前の生糸や精練後の絹糸のフィラメントの断面は三角形と言われていたが、本当はどうなっているのかは興味深いものであった。そこで、まずは繭から取りだした生糸とさらにそれを精練した絹糸を調製し、側面と断面を電子顕微鏡で観察することにした。

ビーカーに家蚕の繭を入れた蒸留水をガスバーナーで加熱し、90度以上にして1時間熱処理し、ガラス棒を繭の表面に接触させて繭の糸の先端を絡み付かせるように動かしてみたものの、繭の糸がなかなかガラス棒に絡みつかなかった。時間が経《た》つにつれて、「本当に糸が絡みつくものなのか?」と不安になってきた。それでも諦めずに、何回か繰り返しているうちに、ガラス棒に糸が絡み合うようになってきた。ガラス棒の先に絡んだ絹の端を手で取りだして、それを矩形《くけい》状のフレームに巻き取ることにした(図2)。この方式では、フレームに何回巻いたかによって繭を構成する1本の糸の長さを計測することができる。熱湯の中から巻き取った未精練状態にある生糸を乾かした後、生糸の側面を電子顕微鏡で観察した。フィラメントはセリシンと思われるものでカバーされており、2本のフィラメントが平行に並んで接着しており、また、フィラメントを剝がした後の未製練状態での表面の荒々しさが残っている(図3)。フィラメントの形状はクモの糸のように均一な太さでなく、場所によってかなり異なるなど不均一性を示すことが分かる。また、断面も観察してみたが、三角形に近いが不均一な形状をしている(図4)。フィラメントの観察場所によって断面形状が大幅に変わり、クモの糸や合成繊維

図2　熱湯に入れた繭から糸をフレームに巻き取る

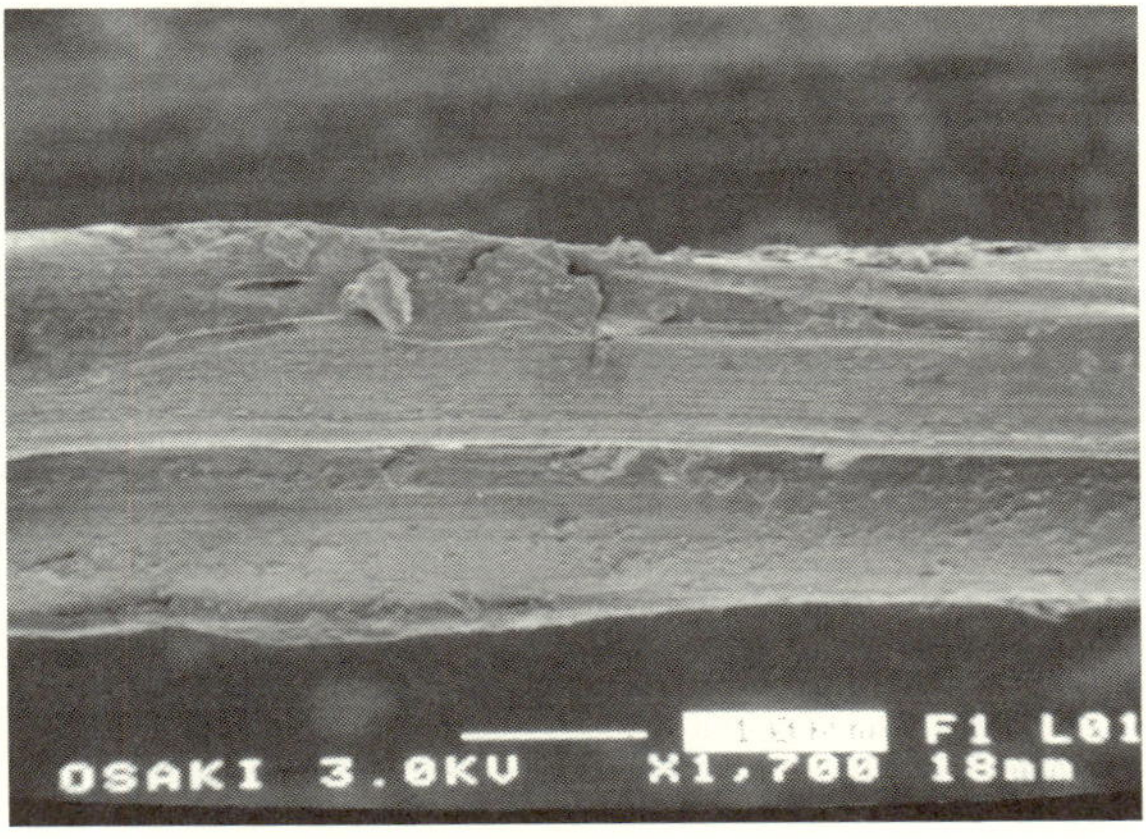

図3　未精練の状態の絹糸

のように均一ではないことが分かった。

次に、絹糸を覆っているセリシンを取り除くべく、石鹸《せっけん》、ソーダ精練法を用いた。最後に蒸留水で何度も洗浄し風乾して精練し終えた絹糸はセリシンが除かれているためか、くっついていた2本のフィラメントをそれぞれ明瞭に観測できるようになった。ただ、セリシンが覆っている未精練の糸と比べて、セリシンが取り除かれた糸は、洗練前より柔らかくなったためか繊維の形状では、不均一性が生糸よりも増大した様子が観察された（図5）。つまり、未精練状態では糸の表面はセリシンという接着剤で固定化されているため、精練状態と比べて柔軟性に劣るのである。

生糸からセリシンを取り除くと2本のフィブロイン繊維となるが、このフィブロインも直径1㎛ほどの数百本の細いフィブリルの集合体である。細いフィブリルも、さらに細い10㎚ほどのミクロフィブリル繊維がたくさん集合している。それをさらにミクロの世界に突き進むと、1本のタンパク質の分子に至るのである。

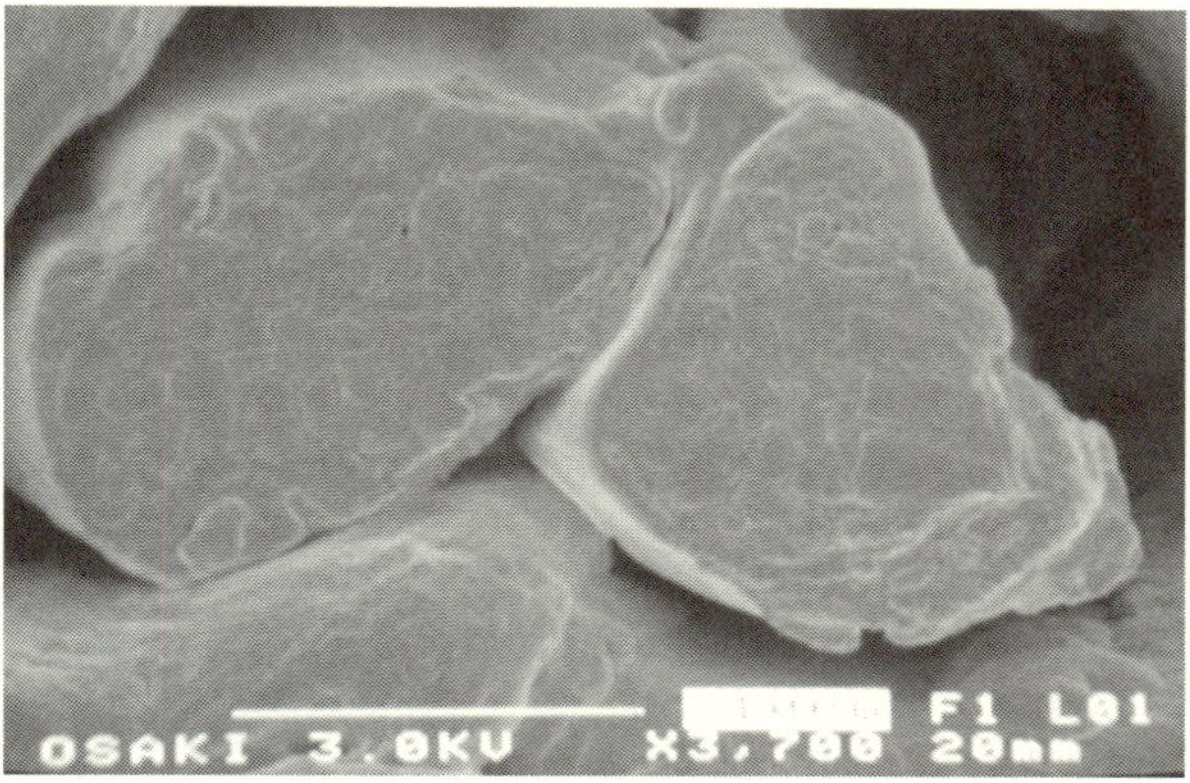

図4　未精練の絹糸の断面は不均一

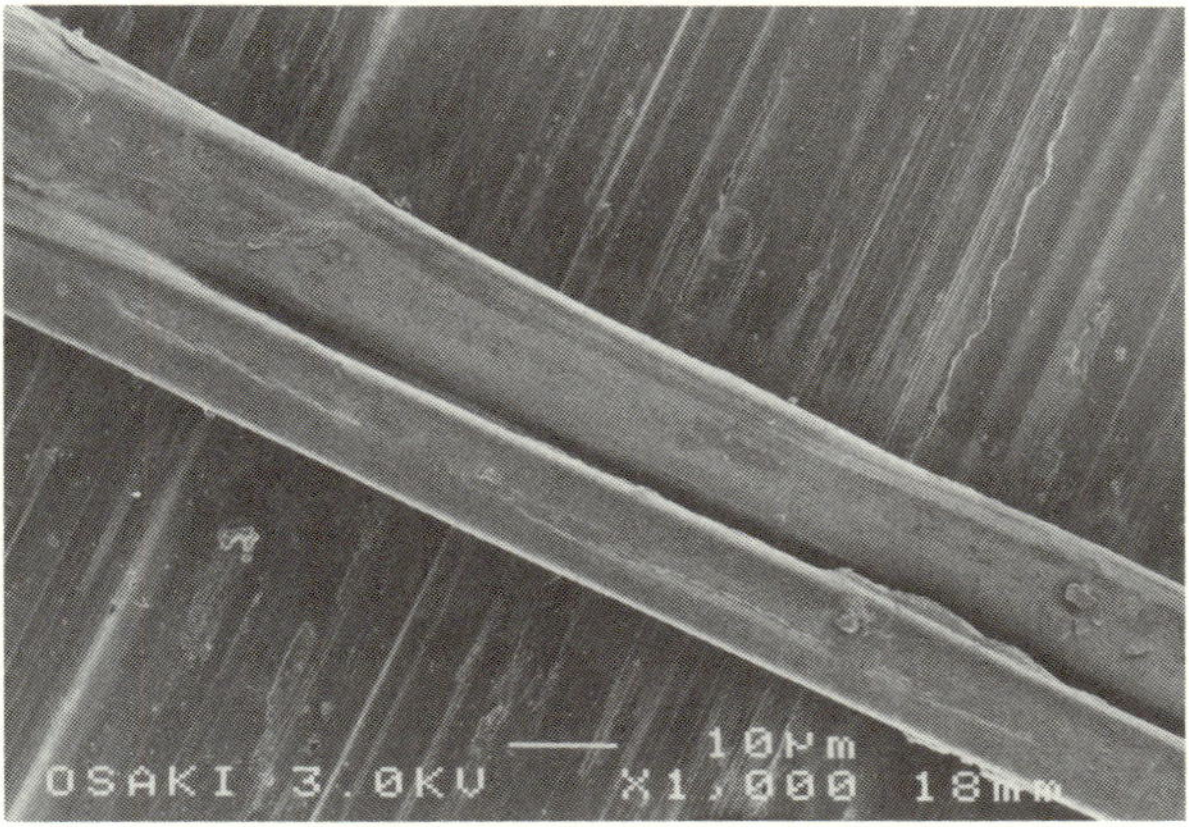

図5　精練後の絹糸

絹糸の紫外線による影響

古い時代の貴人たちは絹糸の白さに驚いたという。この白さはどこから来るのであろうか。古代から種々の染料は見つかっているが、白い染料の存在は今まで確認されていない。絹糸の繊維の太さは可視光の波長レベルであれば、可視光の全領域が反射するために、絹糸は白く見えるのである。このように絹糸が白いのは染料ではなく繊維からの可視光の反射のためなのである。

ところで、白い絹糸は太陽光の紫外線によって黄変することはよく知られている。私も絹糸製のワイシャツを着用したことがあったが、短期間で黄変してしまった。そこで、精練後のカイコの絹糸に紫外線を照射したときの色変化を可視スペクトルで調べることにした。

カイコの絹糸に紫外線を照射する前後の可視領域における反射スペクトルを示す（図6）。紫外線照射前の反射率は一番上の曲線で、３６０nmでは85％、４５０nmでは95％、７００nmでは98％程度の反射率であった。このスペクトルは絹糸が白いということを反映している。ところが、10時間の紫外線照射後の反射率は、３６０nmでは68％、４５０

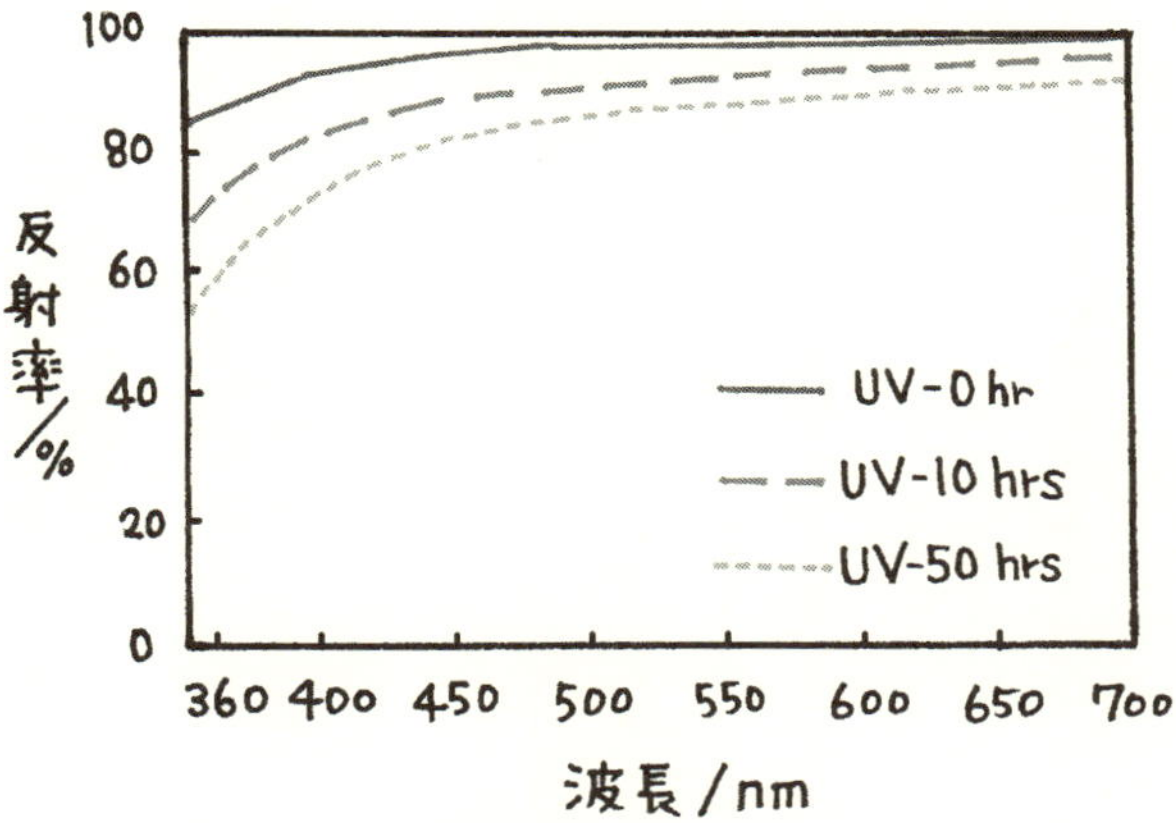

図6　絹糸の紫外線照射反射率

nmでは88％、600nmでは94％に低下した。さらに50時間照射後の反射率は、360nmでは54％、450nmでは81・4％、600nmでは90％にも低下した。このように低波長域の紫域の反射率の低下は、絹糸の劣化によって白さが低下し、黄変が進行していることを意味するのである。ここでnmは10^{-9}メートルのことである。

紫外線照射による絹糸の黄変では、紫外線によって物質の化学結合が影響を受けているはずである。化学結合が切れているのかどうかはラジカルを計測することである。紫外線を照射したときの絹糸のラジカルをESR法（電子スピン共鳴法）で調べた結果、照射時間とともにラジカル量は増大すること分かった。つまり照射時間とともにタンパク質の化学結合が切れる量が増えていった。

前章で示したように、絹糸はクモの糸よりも紫外線照射によるラジカル強度の増大が著しいことから、絹糸はクモの糸より劣化しやすい。そのため、夏の炎天下に着物を着て出歩くことは避けるのが望ましいのである。

絹糸は織物に使われることから、実用的に絹糸の引っ張り強度を知ることは大切である。絹糸はクモの糸と比べて少し太いので、張力—伸び曲線の測定は比較的容易にできる。ただ、絹糸は繭によって太さが異なるので、力学測定を測っただけでは、どちらが強いのか分からない。もちろん、素材の異なる糸の場合は力学強度の比較は簡単ではない。他の素材と強度を比較しようとすれば、繊維の断面積を計測して応力（単位断面積あたりの力学強度）で比較する必要がある。つまり、同じ太さの繊維での強度を比較することである。ナイロンやクモの糸は細くとも均一な円柱であることから、電子顕微鏡での断面積測定は可能である。

絹糸のフィラメントの側面と断面を電子顕微鏡で調べてみることにした。フィラメン

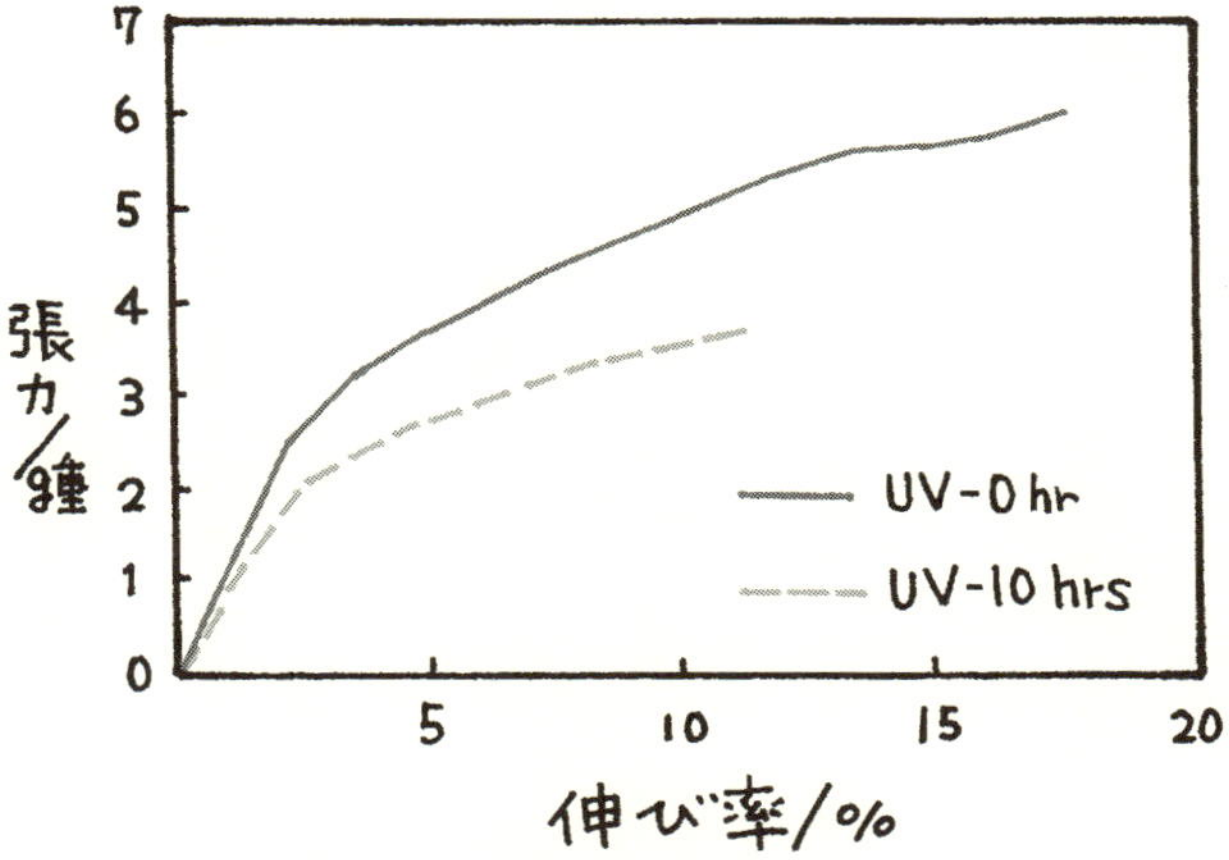

図7　紫外線照射前後の絹糸の張力—伸び率曲線

トの側面は、場所によって形状が少しずつ異なっていた。また、精練されている絹糸のフィラメントの断面となると、三角形からかなり変形してしまっており、場所により一様ではない。そのため、断面積は場所によって変わるので、力学測定する有効長の範囲での平均断面積すら求め難いのである。しかし、形状の不均一性の問題点を指摘しただけでは、絹の特性の議論ができないので、前述の問題点からデータの厳密さを欠くことを承知で、力学測定値の大まかな議論をすることにした。

家蚕の繭から調製した絹糸の力学強度と伸び率の関係を示した（図7）。荷重の小さな領域では伸び率と張力との関係は線形であるが、弾性限界点を超えると非線形領域となる。紫外線照射前後の絹糸の重さ当たりの張力を絹糸の伸び率に対してプロットした。紫外線を10時間照射した後における生糸の張力—伸び率曲線は、破断強度と破断伸び率は、照射前の曲線と比べて約2／3にも低下している。ただ、前述のように、それぞれの絹糸サンプルの断面での正確な比較はできないが、同じ繭からの糸であるから、紫外線による影響で劣化が著しいことは確かである。

絹糸のアミノ酸組成と分子構造

「カイコは桑の葉だけを食べて、なぜタンパク質からなる繭など作れるのであろうか?」と不思議に思ってしまう。乾燥した桑の葉の化学組成を調べた例がある。それによると、粗タンパク質が23～30％も含まれているのには驚いたものである。桑の葉ではアミノ酸組成として、アスパラギン酸とグルタミン酸が50％近く占めている。この桑の葉を食べて、カイコは絹タンパク質を生合成しているのである。ちなみに、植物界では大豆にタンパク質が35％も含まれることから大豆は植物界の肉とも言われている。

繭から取り出した生糸は、フィブロインを囲むようにセリシンがついている。フィブロインとセリシンの2つの主成分はともにタンパク質である。全体の構成割合としては、セリシンが25〜30％、フィブロインが70〜75％で、他に、ロウ質、炭水化物、色素、無機質などが2〜3％含まれる。

フィブロインの周りを囲んでいるセリシンのアミノ酸組成はセリンが約1／3であり、それにグリシン、スレオニン（親水性）、チロシン（親水性）、酸性アミノ酸、塩基性アミノ酸を加えると全アミノ酸の約85％にもなる。繭を熱湯で処理するのは、接着性のセリシンにある親水性アミノ酸の影響によりほぐれやすくするためである。一方、絹糸を構成するフィブロインのアミノ酸組成はグリシン、アラニン（疎水性）、セリン（親水性）を合わせて約90％を占める。

絹糸の主成分であるフィブロインの結晶化度は40〜45％である。また、フィブロインは、分子量が約35万のH鎖と分子量が約2・6万のL鎖の2つのタンパク質からなっている。それらの2つのタンパク質は、カルボキシ末端でジスルフィド結合によって結ばれている。H鎖のアミノ酸配列では、N末端とC末端の間にある中心部は主成分である繰り返しの領域と非晶領域が交互に出現する。繰り返し領域としては、グリシン残基とアラニン残基、グリシン残基とアラニン残基、グリシン残基とセリン残基の6残基のブロックが繰り返され、これらが結晶領域を形成している。一方、非晶領域としては、グリシン残基とアラニン残基に加え、酸性アミノ酸であるグルタミン酸やアスパラギン酸などの親水性残基も含まれる。

家蚕絹糸のβ構造として古くから知られているのは逆平行のβシート構造である。絹糸のX線構造解析では、結晶構造として研究者によって異なった構造が提案されている。今後、X線やNMR法（核磁気共鳴法）などの様々な測定法を用いて得られる結果が矛盾なく説明できる構造解明が期待されている。

品と艶のある絹糸の着物

『魏志倭人伝《ぎしわじんでん》』にあるように、古くから日本でも養蚕のあったことが認められるが、当時の繊維素材の主流は麻であった。室町時代まで繊維と言えば麻と絹であり、江戸時代から第二次世界大戦までは麻、綿と絹の時代になり、第二次世界大戦後にはナイロンに加えてポリエステル、アクリル繊維などの数々の合成繊維が出現した。最近では、多くの分野において合成繊維が幅を利かせており、綿、合成繊維、絹の時代になってきた。もちろん、麻は夏などに好まれる素材である。

合成繊維の謳歌《おうか》する時代になると、洋服を着る人が多くなるのに対して着物を着る人が減ってきたため、絹糸全体の需要は減ってきた。このような時代にもかかわらず、絹糸は今もって一定の層において根強い人気がある。

最近の着物素材としては絹に似せた合成繊維も作られるようになってきたものの、成人式、卒業式、結婚式、七五三のお宮参り、葬儀、茶会、パーティーでの着付けなどでは絹の着物が好まれる。結婚式、葬儀などでは、絹の和服は光沢、品、艶などがあって多くの人が揃う中でひときわ目立つことから、今もって絹織物が好まれている。また、絹は高級バッグなどにも利用されている。

絹糸の着物は、糸が柔らかいので体になじみやすいことから、着心地の良さが特徴とされる。それとともに、柔らかさから由来するしなやかさ、艶やかさを醸し出した上品さという特徴は、他の繊維素材より優れている。柔らかさは絹繊維の形状の不規則さによるものと思われる。

絹の着物は歩くときの裾さばきでは非常に優れている。つまり、着物が体の動きに順応でき、しかも絹鳴りもあって、合成繊維の和服と比べても歩く姿は非常に美しいものである。それに対して、合成繊維の着物は歩く際に、擦れて帯電が起こりやすいことから裾が少し上がり、摩擦により生地が傷むことがある。また、合成繊維は帯電によるほこりがついたりするが、絹糸はタンパク質からできているということもあり、吸湿性のために帯電性の問題は少ない。タンパク質からできている絹は、麻に比べても染色に優れているとともに、光沢の良さは着物の艶やかさにつながっている。さらに、絹糸の着物は、夏は涼しく、冬は空気を含むので温かいという特徴も忘れてはならない。夏のものには生糸を織りこんだ張りのある生地や、カジュアルなものには生紬を用いたり、いろいろ工夫が加えられてきた。

ただ、絹織物の弱点の一つは、自宅で容易に洗濯ができないことである。

第三章　ミノムシはなぜ落ちないの？

1　ミノムシの不思議

ミノムシとの出会い

ミノムシは江戸時代の松尾芭蕉《ばしょう》の「蓑虫《みのむし》の音を聞に来《こ》よ草の庵」や与謝蕪村《よさぶそん》の「みのむしの　得たりかしこ　初時雨」の俳句などに詠まれている。ミノムシの幼虫は蓑から出しておくと、周囲のごみなどを綴《つづ》ってまた蓑を作る。この習性を利用して、江戸時代には細かく切った金糸銀糸を与え、きれいな蓑を作らせたという。このように、古くからミノムシは人々の身近で見られた。しかし、最近はミノムシを見かけることは少なくなってきた。

宝塚市に住んでいた40年ほど前、自宅の庭の木にミノムシがついているのを時折見かけることはあった。当時の私はミノムシにはそれほど関心がなかったことから、ミノムシを木から剝ぎ取ってみようなどと考えたこともなかった。そのような私がミノムシに焦点を当てたのは20世紀の最後の年であった。その何年か前に、私はクモの命綱が危機管理の原点である「〝2〟の安全則」を示すことを見出《みいだ》していた。そのこともあって、「ミノムシがぶら下がる命綱ではどうなっているのだろうか?」と興味が湧いていた。しかし、それまで、私は枝や葉にくっついているミノムシを目撃しただけで、ミノムシがクモのように命綱にぶら下がっているシーンは見たこともなかった。そのため、クモのようにミノムシから命綱が得られるかどうかの当てはなかったものの、まずはミノムシを集めてみることを思い立った。

島根大学から奈良県立医科大学に異動して1年経《た》った2000年5月のことである。米国留学6ケ月前の山戸一弘博士にミノムシの糸の研究を手伝ってもらうことになった。ミノムシを見つけたとしても、同じ種類のミノムシの糸で実験しないと得られたデータで比較の議論はできない。このような杞憂《きゆう》をする前に、どんな種のミノムシでも探し出さないと話にならない。ミノムシがどこにいるのか分からなかったので、まず大学の庭でミノムシ探しを始めた。幸先よく中庭の木に数匹のチャミノガを見つけることができた。当時、ミノムシに関する文献を調べてみたところ、農業部門での害虫としての生態が調べられていることと、群馬県で蓑の財布が土産物として作られていたり、京都の呉服屋では広げた蓑をカットしたものをデザインとして縫い付けた帯が作られている程度で、糸の性質に関する論文などは見当たらなかった。

採集したチャミノガを研究室に持ち帰ってみたものの、どのようにして糸を出させればよいのかの当てもなかった。ミノムシの蓑は間違いなく絹糸からできているが、私の目的は蓑ではなくミノムシの出す命綱であった。ミノムシが冬になると枝に何重にも巻いている糸は私の目的とする糸ではなかった。クモは腹から糸を出すが、ミノムシは口から糸を出すところに大きな違いがある。数匹のミノムシ相手に、どのようにすれば命綱を出させられるのかをいろいろ試してみたものの、糸はほとんど出さなかった。ところが、その中の1匹のチャミノガが10㎜程度の絹糸を出した。この程度の長さの糸では力学測定用のサンプルとして役に立たない。しかし、もっと多くのチャミノガを集めれば、糸をよく出すチャミノガに巡り会えるかもしれないと期待を持つようになった。そして、大学近くの飛鳥川《あすかがわ》沿いのサクラ並木道を探し回ったところ、そこでもチャノミガを数匹しか採集できなかった。ミノムシ採集はそう簡単なものではなかった。

ミノムシはどこにいるの？

実験にはたくさんのミノムシが必要なので、奈良県の農業技術センターに問い合わせることにした。すると、「奈良県東北部の山間部の山添村と都祁《つげ》村には多くの茶畑があり、その中の廃園になっている茶畑ならチャミノガがいると思います」との返事をいただいた。その地域は大和茶の産地であるが、すぐ北側は宇治茶の産地の京都府和束《わづか》町がある。これらの地域は、冬はかなり寒く、普段でも温度差が著しく、その寒暖差や湿度が茶畑に相応《ふさわ》しいと言われ、サルカニ合戦での桃太郎の家来のサルやキジが生息しているところでもある。今では奈良市に合併されている山添村と都祁村へ車で数人の学生を連れて行った。目的地近くに到着すると、付近はなだらかな斜面に緑の茶畑が広がっていた。現地の人に尋ねながら廃園と思われる茶畑にたどり着いた。やはり、手入れの行き届いた新緑の茶畑と違って、全体が色あせた荒れた畑であった。学生らとあっちこっちと探してみたもののミノムシは簡単には見つからなかった。そのうちに、葉っぱが一部枯れかけていた木に近づいたところ、1匹のチャミノガを見つけた。1匹だけかと思っていたところ、すぐ近くに何個体ものチャミノガが生息していたので喜んだものである。枯れた葉っぱとミノムシの色が似ていたので区別がつきにくかった。茶生産農家にとっては、チャミノガは葉を好んで食べるので、害虫そのもので、嫌がられる存在なのだ。

次に訪れた奈良県農業技術センターの構内のサワラの木には、チャミノガより大きいサイズのオオミノガが鈴なりについていた。また、当時学生であった福智隆介医師らとともに大和三山（香久山、畝傍山《うねびやま》、耳成山《みみなしやま》）の一つである耳成山にミノムシ探しに出かけた。そこでは、いくらかミノムシを見つけたが、目的の数のオオミノガは得られなかった。昨今、オオミノガの数が大幅に減っているのは、土地開発によって緑の木々が減って、ミノムシの餌となるべき葉っぱが大幅に減ってきたこともあるが、寄生バチの影響が大きいことが指摘されている。実際に蓑の中を開けてみたところ、中に寄生バチがいるケースが多く見られた。ところが、その数年後にオオミノガで追試実験をしようとした頃には、オオミノガを見つけることはできなくなっていた。

ミノムシに興味を持ってからは、当時住んでいた京都の自宅の庭の木（図1）や、クモ採集の途中に訪ねた高知城の公園にある建物の白壁にチャミノガがたくさんくっついているのに出くわしたことがある（図2）。

ある年の桜満開の3月末のことであった。時間待ちで市役所のソファーで窓の外の庭木を眺めていたところ、ナンテンの木の枝に小さな枯れ枝とは少し違った形をした異物がぶら下がっていることに気づいた。「えっ！　何だろう？」と思い、ガラス戸を開けて裏庭にでた。木の枝に近づいて見るとその異物はミノムシであった。1匹見つかれば、近くにもいるはずであると思い、葉っぱの裏や近くの枝で探したところ、小さなミノムシが何匹もぶら下がっていることが分かった。その3週間後に再び行ったところ、チャミノガが一斉にナンテンの木から少し離れた木に移っていた。3月のときのナンテンはまだ若葉であったが、3週間後にはその若葉はなくなっており、移動先の木の若葉もかなり食べつくされていた。

ところで、「ミノムシを探すにはどうすればよいのか？」という課題に対して、個体数の減ってきた昨今では非常に難しい。まずは時期を選んでミノムシが好む木を探せば

図1　チャミノガが鈴なりに

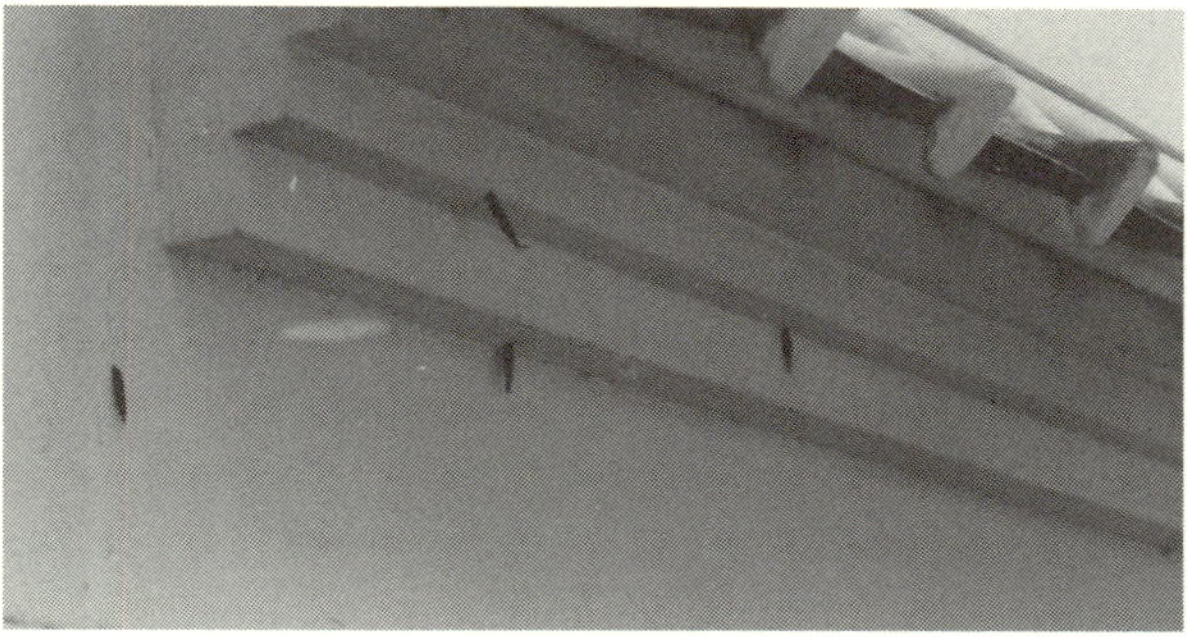

図2　白壁にチャミノガが

よいので、夏の終わりか秋にかけて、公園や道路沿いのサクラやカエデで探すと見つかりやすい。蓑は落葉後の冬の枝では探しやすいはずであるが、逆に色が枯枝に似ているので見つけにくいものである（図3）。しかし、一個体のミノムシを見つければ、その近くに多くの個体を見つけることが多い。

ミノムシは空を飛ぶ

ミノムシは昆虫綱鱗翅目《りんしもく》ミノガ科に属するガの幼虫のことである。幼虫は糸を吐いて蓑状の筒巣をつくり、その中に棲《す》むのでミノムシという。オオミノガやチャミノガのように種が異なるミノムシでは、異なったタイプの蓑を作ることから見分けがつく。ミノムシは蓑の上方の開口部から頭や胸を出して移動し、排せつは蓑の下方の穴から出すことから、かなり清潔好きである。やはり、ミノガは卵を数千個も産み付けるので、その近くにたくさんいることは理解できる。通常、オオミノガの蓑は枝にくっついて鉛直にぶら下がっているが、チャミノガは枝などに様々な角度でくっついている。

蓑の形は円筒形で、小枝を多数縦に隙間なくつけているのが特徴である。チャミノガ

図3　枯枝と間違うミノムシ

は初夏の5月から6月に、オオミノガは初秋に孵化《ふか》する。孵化した多くの幼虫は蓑の下方にある穴から出て、糸を出して、風に乗って分散する。着地した幼虫は蓑から這《は》い出て、葉を食べて、体の周りに絹糸で蓑を作る。成熟した蛹は小枝の周りに絹糸を何重にも巻きつける。卵から孵化した直後の若い幼虫は2㎜長ぐらいであるが、大きくなると18～25㎜長になる。夏の終わりまでに蛹は成熟して蓑の大きさは30～40㎜にもなるが、熱帯地方では15㎝に及ぶ大きなものもある。

　ミノムシの場合、メスの成虫は翅《はね》や脚が退化しているため、一生蓑の中にいる。しかし、孵化して糸を出して空中を飛んでいくときは一時的にしろ、メスが蓑から解放される期間である。ミノムシのメスの成体は飛ぶことができないので、行動範囲はそれほど広くはない。広範囲にわたる分散は主として園芸店や観賞植物を通じての移動、あるいは初夏にミノムシの小さい幼虫のバルーニングによるものである。

孵化した幼虫は母親の死骸を少しかじり取って蓑を作る場合や、まだ蓑を付けていない幼虫も糸で垂れ下がる。その頃の幼虫たちは風による糸の揚力を上手に利用して飛んでいく。見知らぬ木の葉の上に着地した幼虫は木の葉のかけらと吐いた糸で、尻の方から体の周りに蓑を作り始める。幼虫は体が大きくなると、体に合わせながら蓑を順次大きくしていく。小さい時は逆立ち歩きができたものの、大きくなると移動は糸の先を葉っぱにつけて、宙吊りになって新しい葉っぱに移るのである。この時になってミノムシは命綱を使うのである。

チャミノガのミノムシは茶摘みで最も必要とする若葉を食べてしまう。ある木に集まっていたミノムシも1ケ月後には葉っぱを食べつくし、他の新しい木に移るなど、チャミノガは茶畑にとって害虫そのものである。

チャミノガは数千個もの卵を産み付ける。しかし、「たくさんの卵はなぜ必要なのだろうか?」と疑問が湧いてくる。実は生まれてから成虫になるまでに多くの外敵に襲われたり、食べものに不足したりで、ほとんどの幼虫が生まれた場所に留まっておれば、まもなく食物難に陥ってしまうであろう。そのため、生まれた直後の幼虫は糸を使って空中に飛んで分散して、それぞれが新緑の葉っぱを食料にできる新天地に降り立つのである。降り立ったところが新緑に恵まれていない所であれば成長できない。また、同じ箇所に幼虫がたくさん降り立っても、新緑の葉っぱの量には限りがあるので、すべては生存できるとは限らないのだ。このように、チャミノガが小さいと分泌する糸が、風になびかれ、それが推進力となって遠くまで飛んでいける。つまり、柔らかな糸であれば、風によってゆらゆらして曲がるので、それが推進力となるのである。成長して体が重くなり、しかも糸が剛直であれば風によってゆらゆらすることはないので、空中飛行には体が小さなときの糸がちょうど良いのであろう。このように、チャミノガが生きていくうえで絹糸がなによりも大切な道具となっていることが分かる。

チャミノガは数千匹もの卵を産み付け、それらの幼虫が糸を出して風に乗って分散する。そのため、茶畑をいくら手入れしても、近くの廃園からチャミノガの幼虫が飛んでくれば、おいしい新芽を食べつくすことから、地域全体での茶畑管理が必要になってくる。

蓑はなぜ体に合っているのか？

ミノムシの蛹は口から糸を吐いて、その糸で蓑の内部を作り、さらに蓑の外部を木の葉の切れ端や小枝で補強している。小さい頃から葉を食べ、移動するときは体の前部だけを蓑から出しているが、木の葉を食べつくすと他の木に移る。落葉後の時期になると体すべてを蓑の中に入れてしまう。

活動中にびっくりしたり、外敵に襲われそうになった際には、すぐに蓑の中に身を隠すことができるから、蓑は防衛にとって便利なものである。蓑の内部は細い糸で編まれており、蓑は壊れにくく強いことから、外敵が襲っても十分に防衛できる丈夫さがある。実際に、蓑を手で破ることは困難で、鋭いハサミを使わないと切れないほど丈夫なのである。また、蓑を周辺の小枝と似た色や形状に偽装しているので、外敵から見つかりにくい。もともと、幼虫は裸状態であるので、外敵に襲われたらどうすることもできない。そのため、蓑という強力なシェルターで身を守っているのである。クモなら外敵が来ると糸を出してすぐ降下できるのに対して、ミノムシは丈夫な蓑の中に隠れることができるのである。

ミノムシは蓑の中で冬を越すとき、蓑の上端を、木の枝に吐き出した糸で何重にも巻いてしっかりと固定しているので、枝から簡単には切り離せない。つまり、冬の蓑は野鳥のくちばしでも切り裂けないほど丈夫である。ただ、くちばしの長いシジュウカラは、蓑の下の穴を大きく開いてミノムシを引きずり出して食べることがあるなど、頭のいい鳥もいる。

ミノムシは生まれた直後から蓑を作るが、幼虫の尻の方に蓑を巻いており、はみ出した前方部の脚で移動する。ミノムシの幼虫の体は成長とともに大きくなるが、それにつれて蓑も徐々に大きくなる。ところで、ミノムシの蓑に対して、私は「ミノムシは小さい時から蓑を被っており、徐々に成長するのに、体が蓑の大きさに合わなくなるとどうするのか?」と疑問に思うようになった。クモの巣の大きさはクモの成長とともにサイズが変わってくる。これは、体長に応じて張り替えている。一つは、「ミノムシもクモのように、成長とともに蓑を捨て、体に合った蓑を作り直すのでは？」と考えていた。人に聞くと、「蓑に割れ目を入れて、徐々に大きくする」という意見もあった。しかし、詳しい観察によると、生まれた直後の幼虫の頃から後方の尻部に蓑を作るが、成長するにつれてその部分が後方に移動している。つまり、大きくなった部分を作り足して、体にぴったりと合うように増築しているのであった。6月から10月にかけて何度も脱皮を繰り返し、成長するにつれて小枝や葉片をつけて蓑を拡大していく。このとき、人間でも蓑を容易に破りきれないが、ミノムシは体に合う大きさにするために、酵素や歯を使って蓑を自由に変形や拡大しているのである。

このように、幼虫の時代に作った蓑の部分を成長とともに大きくし、それを卵を産むまで使う。また、紫外線などで蓑の繊維が劣化しないように外部は枯れ木や枯葉で覆っていることが考えられる。また、蓑の外を取り巻いている小枝などの並び方は、蓑の上下方向になっていることから、雨が降っても水滴が流れやすいようになっている。これは、人の被る蓑笠や蓑の素材の方向性を見れば、雨を凌《しの》ぎやすいようなしくみになっていることからも納得できる。

2　ミノムシの糸の性質

ミノムシから糸を取り出せるのか？

ミノムシの口から出す命綱はミノムシが移動する際に枝や葉からぶら下がるときに出す糸である。我々はミノムシの蓑なら比較的容易に得ることができるが、最初の頃は「ミノムシの命綱をどのようにして出させたらよいのであろうか？」と思い悩んでいた。ミノムシの糸が欲しければ、「蓑を作っている糸から取り出せばよいではないか？」との思いもあった。しかし、長年クモの糸を調べてきた経験から、蓑から取り出した糸では力学測定には適さないと考えるに至った。糸を蓑から取り出すとなると、剝がすときに過剰の力が加わり、また、蓑を作る際にもどのような力が加わったのかも分からない。そのため、命綱の力学測定用のサンプルとしてはふさわしくないのである。とにかく、厳密な力学測定を行うには、自重以外の余分な力が加わっていない状態にある糸が必要なのである。

チャミノガの入っている蓑を何個か研究室に持ち帰ってきたものの、どのようにしてチャミノガから命綱を出させるのか分からなかった。最初はクモのようにミノムシを割り箸に乗せてみた。蓑を後部につけたミノムシの頭部が割り箸にくっつく（図4）。この状態であれば、ミノムシの口から吐く糸を箸に接着して、箸を揺らすとミノムシは糸を出しながら降りてくれると思っていた。いろいろ工夫して揺らしてみたが、駄目であった。チャミノガから、測定用の長い命綱を出させるにはどうしたら良いのかが悩みの種であった。

最初はミノムシから強引に糸を引き出せると思っていたが、糸の先端が分からずクモのようには引き出せなかった。クモの糸のように、実験用サンプルとしては枝や棒からミノムシが自発的に糸を出して降りてくれることを祈るのみであった。そのため、実験室の端から端まで長い綿ロープを牽《ひ》いて、多くのミノムシをロープに乗せることにした。その状態でミノムシがロープから降りるのを待ってみた。夜の10時過ぎまで辛抱強く待っていたものの、ミノムシはロープからぶら下がってくれないのだ。翌日もダメであった。3日目になってやっと糸を出してロープからぶら下がり始めたミノムシがいることに気づいた。そのとき、「糸を出した！」と喜んだものである。しかし、少ししか出さなかったので、まもなくため息に変わったのだ。何日もチャレンジしたが、ミノムシが出してくれた糸は10㎜程度と短すぎて力学強度の測定などできないのだ。クモは驚かせると命綱を出して降下するが、ミノムシは逆にロープにくっついて蓑の中に入って防衛してしまうためか、糸取りはなかなかうまくいかないのだ。そのため、ミノムシから長い糸取りは悪戦苦闘の連続であった。そのうちに何匹かのミノムシから測定可能な長さ50㎜程度の糸サンプル得ることができるようになった。このように、ミノムシから長い糸を得るには根気の必要性を認識した次第である。

図4　割り箸にミノムシをくっつける

糸は何からできているの？

タンパク質はアミノ酸が数百から数千ほど結合してできた長い鎖の高分子である。コラーゲンや酵素もタンパク質の一種である。生物の作るタンパク質は特定の20種類のアミノ酸からできている。この「20」という数は「マジックナンバー」と呼ばれる。節足動物の出す絹糸はほとんどタンパク質からできており、その生活において重要な役割を果たしている。ミノムシの出す糸はタンパク質からできているので、研究室の山本恵三准教授がチャミノガの牽引糸《けんいんし》のアミノ酸組成を調べてくれた。その結果、アミノ酸組成としては、グリシンが30・4％、アラニンが27・6％、セリンが9・1％、リシンが6・3％、グルタミンとグルタミン酸が6・3％、アスパラギンとアスパラギン酸が5・6％であった。アラニンは疎水性であるが、セリン、リシン、グルタミンとグルタミン酸、アスパラギンとアスパラギン酸はすべて親水性であることから、全体的に親水性残基が多いことがわかる。なお、グリシンとアラニンの合計の割合は58％である。なお、親水性のグリシン量の割合は、チャミノガの命綱では約30％で、クモの牽引糸の約40％と差があるが、疎水性のアラニン量の割合は、ミノムシが27・5％でクモが27％

ではほ同じ割合であった。

蓑を構成している糸のアミノ酸組成を測った論文によると、グルタミン酸が4・5%、リシンが11・1%、さらにロイシンが10・9%である。この測定での値は、アラニンの含有率が5・2%と小さく、グリシンに至っては1・4%と含有割合が少ないのには驚きである。全体的には、アミノ酸残基の多くが極端に偏らずに存在しているのが特徴である。グリシンとアラニン合計の割合が、絹糸とクモ糸では約70%であるが、ミノムシの蓑の場合は6・6%と極端に低いのが特徴である。このように、蓑の絹糸のアミノ酸組成は、チャミノガの牽引糸のアミノ酸組成とは大幅に異なっている。

なお、熱的性質は、300度で糸の半分が分解することから、絹糸より優れており、クモ糸の熱特性に似ていることになる。ミノムシ糸の結晶化度は34%で、絹糸のそれは30〜40%と比較的似ている。

糸のミクロの世界

クモの牽引糸やカイコの糸は1本のように見えるが、電子顕微鏡で拡大して観ると、糸は2本のフィラメントからなっている。ミノムシは口から糸を吐いて枝にぶら下がる。それを見て、「ミノムシの命綱の構造と強度はどうなっているのだろうか?」と興味が湧いてきた。また、「ミノムシの命綱は何本のフィラメントからなるのだろうか?」と、「ミノムシの命綱の力学強度は蓑の中にいる幼虫の重さだけを考慮したものなのか?」、あるいは「ミノムシの幼虫と蓑の両方の重さを考慮した強さになっているのか? それとも、蓑の量は自由に決めているのであろうか?」などいろいろな疑問が湧いてきた。そこで、電子顕微鏡でミノムシの糸の組織を調べるとともに、糸の力学強度を測定することにした。

チャミノガは簡単には命綱(牽引糸)を出してくれないが、辛抱強く待って自発的に出してぶら下がっているチャミノガの命綱を採取した。サンプリングした命綱は電子顕微鏡観察用と力学測定用に使うことにした。電子顕微鏡で命綱の側面を観たところ、目視で1本に見えた牽引糸は、2本のフィラメントが並列にくっついて並んでいることが分かった(図5)。このとき、「えっ! ミノムシの糸も2本なの!」と驚くばかりであった。ところが、表面を観察していると、クモの牽引糸のようにスムーズでなく、どう

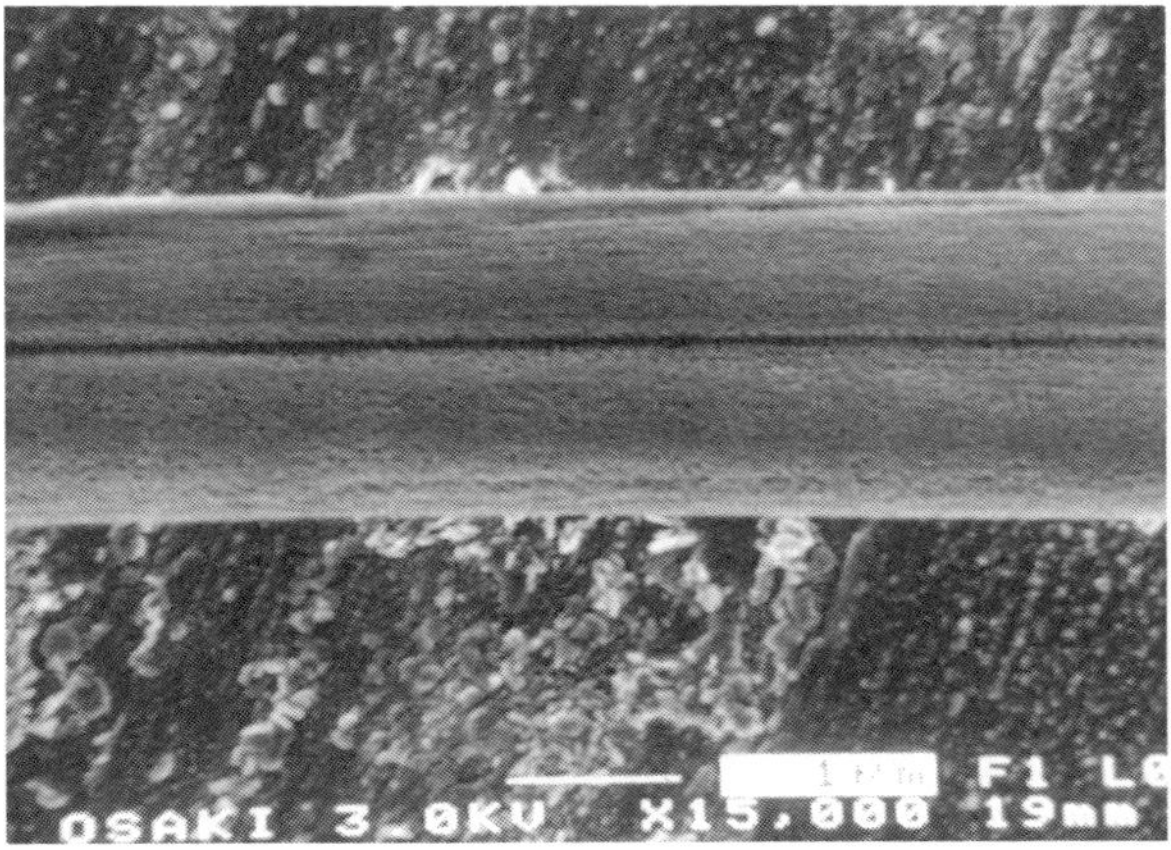

図5　ミノムシの命綱も2本のフィラメントだった

も糸の表面が何かで薄くコーティングされているようであった。とにかく、変形の著しい絹糸の側面とは異なって、チャミノガの牽引糸はほぼ円柱のフィラメントからできていたので、概ね断面積を計測することが可能と思われた。

3　ミノムシの糸の驚くべきしくみ

ミノムシの糸を通じた危機管理術

ミノムシが命綱（牽引糸）にぶら下がっている様子をみると、「牽引糸はミノムシが安心してぶら下がることができるレベルの強度を持つ命綱であろうか？」という疑問を持つようになる。つまり、蓑という重い衣服を着ていることから、牽引糸の力学強度を測ってみると、答えが得られるかもしれないのだ。

ミノムシの糸が力学測定にふさわしいのは、ミノムシが自発的にぶら下がっているときの牽引糸である。自重以外の余分な力が加わらないので、力を取り除いても残留ひずみが残らないためである。牽引糸を力学測定用と電子顕微鏡用にサンプリングした後、ミノムシ全体の重さを計った。次に、ハサミで蓑を切開して蓑だけの重さと、ミノムシの幼虫の重さを計測した。チャミノガの牽引糸を一定の速度で引っ張っていくと、張力が小さいとき伸びは張力とともに直線的に上昇する。弾性限界点を超えると傾きが減少し非線形領域に入り、さらに力を加えていくと伸び続けるが破断点で糸が切れて張力が極端に低下した。この、弾性限界点における張力を弾性限界強度という。

そこで、ミノムシが出す糸の命綱の弾性限界強度とミノムシ全体の重さとの関係はどのようになっているのかを調べることにした。

チャミノガの蓑付きの重さに対する糸の弾性限界強度をプロットした（図6）。データのバラつきは結構あるがチャミノガにおいては、蓑つきのチャミノガの全重量が増大

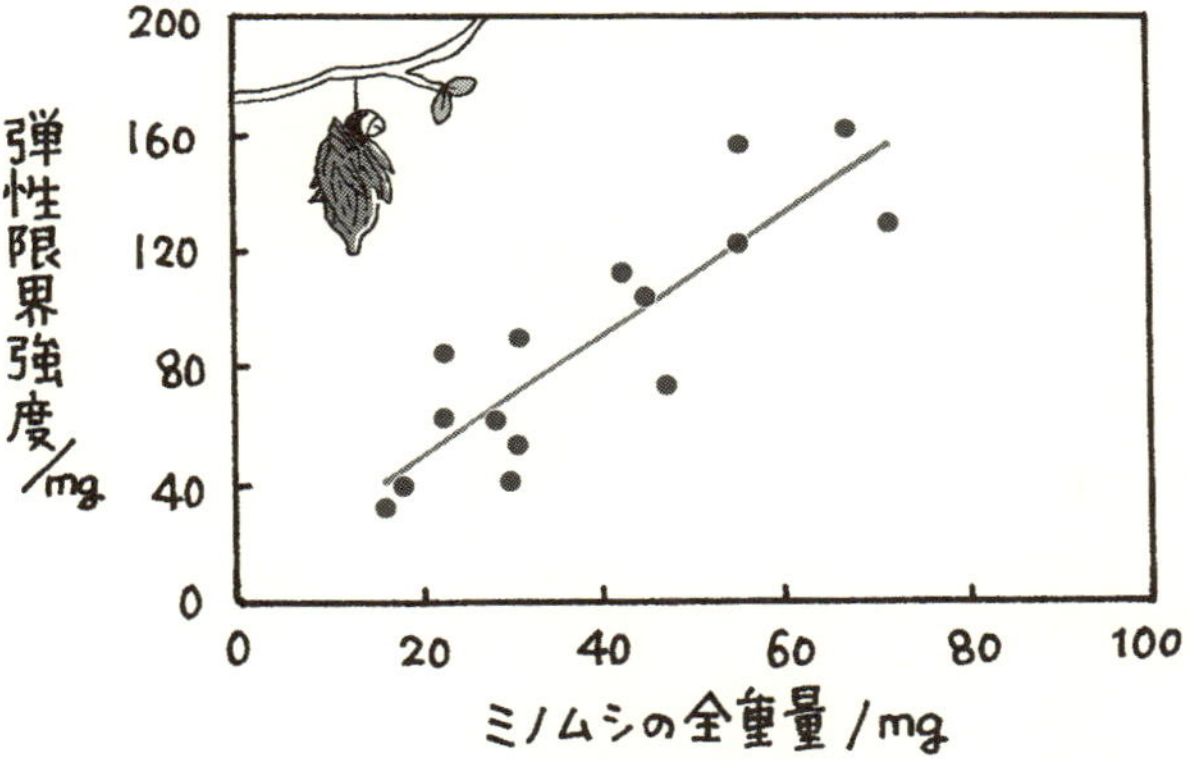

図6　チャミノガの弾性限界強度とミノムシの重さ

するに比例して、糸の弾性限界強度は上昇した。その傾きは2・07で約2である。〝2〟という値はチャミノガの命綱の弾性限界強度がチャミノガの重さのちょうど2倍になっていることを示している。この場合、チャミノガの幼虫は蓑を被ったミノムシの全重量を支える強度を考慮した糸を分泌していることになる。つまり、ミノムシは蓑を覆っていない裸のイモムシのように、幼虫だけの重量を考えた安全性ではなかったのだ。しかも、幼虫だけの重さではなく、幼虫が蓑に入った実質的な重さを支える糸の強度を考えて設計していることになる。

本来、ミノムシはぶら下がるだけであれば、糸の強度は蓑に幼虫が入った状態の全重量と同じであればよいはずである。そのように考えると、「なぜ糸の弾性限界強度がミノムシの全重量の2倍なのであろうか?」という疑問が湧いてくる。

そこで、ミノムシの命綱を電子顕微鏡で観察してみたところ、2本のフィラメントから成っていることが分かった。この事実から、ミノムシの命綱の2本のフィラメントのうち、1本が切れてももう1本のフィラメントでミノムシの重さを支えることができるという「〝2〟の安全則」が成立していることが分かった。つまり、ミノムシの命綱は最高に効率的な安全性を示し、効率的な危機管理を行っていることが分かった。まさに、クモの糸での安全則と同じなのである。

弾性率は弾性限界点までの線形部分の値から求めることになる。弾性率は非常に小さな力を加えた際の物質の硬さを表すもので、再現性のある値である。つまり、弾性率は一定の伸び率のときの単位面積当たりの糸の力学強度に相当するものである。

種々の重さのチャミノガの幼虫の出す命綱の弾性率を、張力—伸び曲線の弾性限界点内の線形領域から求めることにした。50㎎以下の重さのミノムシの糸で求めた弾性率はバラツキはあるが、ミノムシでは重さが変わってもほぼ約20・0ギガパスカル

（10^9Pa）という値が得られた。この値は、結晶と非晶が混在する素材としてはかなり大きな値であり、成体のジョロウグモの牽引糸の弾性率13ギガパスカルよりも大きいことが分かった。その結果は、２００１年と２０１９年の高分子学会で発表した。

蓑の重さを自由に決めているのか？

ミノムシの幼虫は蓑の中におり、後部に蓑を被り、蓑からはみ出した前部の脚を使って移動する。移動距離は結構長いこともある。また、たまに糸を出してぶら下がったりする。しかし、ぶら下がる時、「ミノムシの蓑が重すぎて、糸が切れて空中から落下しないのだろうか？」、「ミノムシは自らが好きな量だけ、蓑を付けているのであろうか？」とか「その時の気分でつける蓑の量を決めているのであろうか？」といろいろ思ったりする。余計なお世話ではあるが、「蓑があまり重たすぎると命綱が切れてしまうのではないか？」と心配してしまう。これらの疑問を解決するには、まずはミノムシの幼虫はどれぐらいの重さの蓑を背負っているのかを調べてみることが先決であると思われた。

そこで、まずは蓑を含めたミノムシ全体の重さを測ることにした。次に蓑をハサミで裂いて取り出した幼虫の重さを測った。

ミノムシ全体の重さに対して幼虫の重さをプロットしてみた（図7）。ミノムシ全体の重さは幼虫の重さとともに比例して増加した。

両者の関係での比例係数は1・646で、その係数の意味するところは、幼虫が成長しつつあっても、その時の幼虫の重さの約65％の重さの蓑を身に着けていることになる。つまり、ミノムシは自ら体重の約1・6倍の重さで移動していることになる。このことから、ミノムシは成長しても体に合わせた重い蓑を被っていることが分った。

つまり、ミノムシは自由に蓑を付けているのではなく、幼虫の体重が変わっても幼虫が活動しやすい程度の蓑の大きさをまとっていることが分かった。それでも、この蓑の重さには驚くばかりである。

人間ならば、60kgの重さの人であれば36kgの重さの衣服をまとっていることになるが、この状態で移動するのは小学5年生くらいの子供を抱えて歩くのと同じである。我々は、夏よりも冬の寒い時に厚着すると結構重く感じるが、それでもせいぜい体重の1割増え

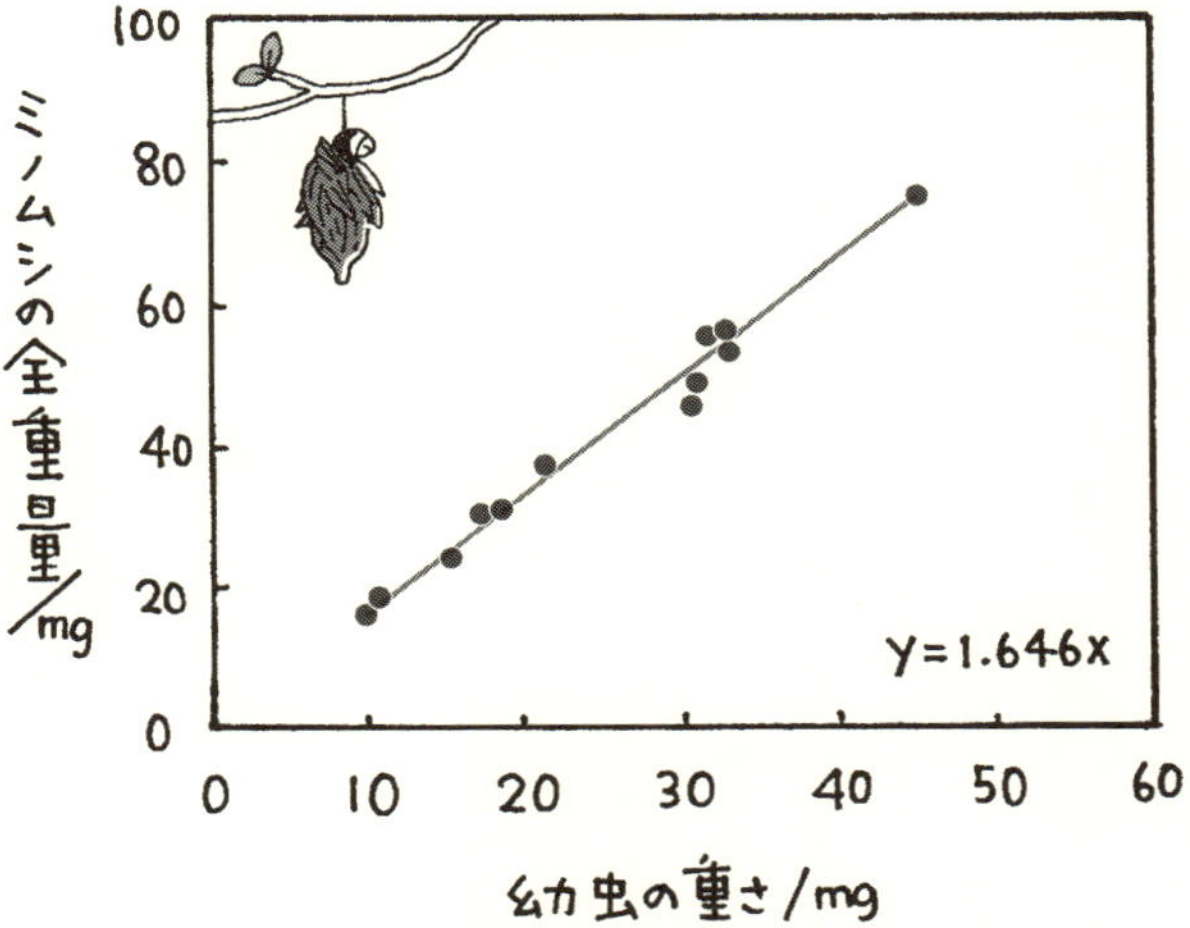

図7　チャミノガの幼虫の重さと蓑つきの重さ

る程度であろう。ちなみに、武装した海兵隊が上陸する際には20kg程度の重量を身にまとっているという。

第四章　幼虫たちも糸を出す

1　ダニとは何か？

ダニは糸を出すのか？

松尾芭蕉《ばしょう》の『奥のほそ道』には「蚤虱《のみしらみ》　馬の尿《しと》する　枕もと」がある。ノミ・シラミは脚が6本の昆虫であるが、ダニはクモ、サソリなどと同じく脚が8本のクモ形類に属する。ダニは脚が8本のクモの親類である。ダニは人間の日常生活に支障をきたすことが多く、農業分野でもダニによる被害は大きい。また、犬なども マダニ防衛が必要とされている。そのため、ダニ対策用の商品が開発販売されている。

1999年に島根大学から奈良県立医科大学に異動した私は、クモ以外で糸を出す虫を引き続いて探していた。「虫たちの出す糸はどのようなしくみになっているのだろうか？」、とか「虫たちの糸の安全率はどうなっているのだろうか？」などに興味があったからである。私の研究室には、スギ花粉やダニによるアレルギーなどで、人体に対するアレルゲンを科学的に研究している井手武助手がいた。ある日のこと。私は井手助手に「糸を出す動物を探しているが、何か知りませんか？」と聞くと、「ハダニならいますよ」と言う。そのときまで、まさかダニが糸を出すなどとは思ってもみなかった。それで、早速、「それは面白い」と言ったところ、井手助手は何日か後には実験室にハダニを飼育するための準備をしてくれた。それは、和歌山のみかん畑の害虫であるミカンハダニであった。私は、最初のうちはミカンハダニの生育条件の詳細な説明を受けたりして、「どのような糸をだすのであろうか？」と興味津々であった。ハダニは小さく、しかもハダニの出す糸も極細のため何が何なのか分からぬまま、飼育を続けていた。そのうちに忙しさも手伝って飼育はいい加減になって、ハダニを生かしきれなかったことがあり、室内でのハダニの飼育の厳しさを味わったものである。ミカンハダニはどんなものなのかに興味が移り、電子顕微鏡で観察してみることにした。体のサイズは100㎛～200㎛の大きさであり、脚に細いひげが出ている（図1）。

ところで、ダニは人間の垢《あか》などの塵《ちり》を食べているので、塵が散らかっている家庭内の

図1　ミカンハダニの電子顕微鏡写真

絨毯《じゅうたん》、フローリングやベッド、さらに電車のシートにたくさんのチリダニがいる。一方、チーズ、米、小麦粉やビスケットなどの食べものにもコナダニが、またニキビにもニキビダニがいるなど、ダニは人々にとって身近な存在である。屋内に生息するダニ類の死骸や糞《ふん》は、アレルギー性鼻炎、喘《ぜん》息《そく》、目アレルギー、アトピー性皮膚炎などを起こすことが知られている。

ダニは世界には約5万種いて、日本には約2000種いるが、その中で糸を出すハダニ科のダニで世界で約1300種、日本で92種が知られている。つまり日本に生息しているダニのうち、糸を出すダニの種類は4・6%である。

ハダニの空中飛行

ダニの中でハダニはクモのように糸を出すことから、英語ではspider miteと言われる。ダニの出す糸の役割としては、集団を保護するケースや、命綱として敵から逃避するときや日常行動で使用するケースがある。これらはクモの糸の場合とかなりの部分で共通している。

ダニの移動方法として、脚を使って歩くケースやバルーニングという空中飛行のケースがある。ハダニの幼体は数千匹もの個体が巣の中で共同集合体を作って生活している。植物ではハダニの個体が過密状態で食べ物が不足してくると、多くのハダニは植物の天《てっ》辺《ぺん》まで連続的に絹糸を引いて移動し、天辺で球体を作る。この球体こそがハダニの出す絹糸からできているのだ。ハダニ集団の90%の平均移動速度は10日間で5~11m以下で、また成体の寿命内でも7~16mしか移動しないと言われる。

ハダニが植物の天辺で作った球体は風に乗って空中飛行する集団による分散か、あるいは他の動物の移動に伴うグループの分散がしやすくなっている。集団のダニの子供は食料確保のために糸を出しての空中飛行で広範囲に新天地を求めて移動して子孫の存続を図っている。空中飛行によるダニのバルーニング距離は数百メートルにもなり、３㎞も遠く飛んだ例も確認されている。このとき、浮力を得るために必ず絹糸を出している。

空中飛行のとき使用する糸は硬直であれば風によってなびかないので浮力が出ない。やはり、ダニが空中飛行するのに有効な浮力には柔軟な糸が不可欠なのである。クモ、ハダニやミノムシは生まれてまもない赤ちゃん時代に糸を出して風に乗って空中飛行する。空中飛行する虫で共通しているのは、メスの成虫は数百から数千匹もの赤ちゃんを生むことである。このようにダニの卵の多さは、ダニが成長して卵を産むまで生き延びるのは極めて難しいことを物語っている。つまり、彼らは厳しい環境を生き抜くために、食料確保のために新天地に飛行分散するのだ。ただ、各個体が飛行方向を決めることはできないので、非常にリスクは高いのである。

ミクロで見るダニの細い糸

ミカンハダニは6月以降になると、1㎜程度の赤い小さな成虫が葉や果実に見られるが、その存在はルーペで確認しなければならないほど小さい。ミカンハダニやハダニなどでは命綱は重要な役割を果たす。それらのダニは葉に生息していることから、翅のないハダニが葉面を歩いて移動するさいに、葉の表面は凸凹しており、傾斜もあるので、ハダニでも葉から落ちれば衝撃を受ける。そのため、葉の表面や裏面を歩くときの糸の利用の仕方としては、命綱の先端だけを葉に接着させるのではなく、間隔をあけてところどころの葉に命綱を接着させている。つまり、1カ所の接着箇所が外れても他の接着箇所が有効に機能するために、ハダニ自らの安全性を考えているのである。

次に、「ハダニの糸のミクロ構造はどうなっているのだろうか？」と思い、糸を電子顕微鏡で調べてみることにした。図1に示したように、ミカンハダニは脚にひげ状ののがいくつもついていることが分かる。背面は縞《しま》模様のようになっている。また、多数のミカンハダニが出した糸として、電子顕微鏡写真に見られるように0・1㎛程度の細い糸が驚くほどたくさん並んでいる（図2）。その中の1本の糸を取り出して調べてみると、驚くべきことには、0・15㎛程度の太さの2本のフィラメントから成っていることが分かった（図3）。やはり、ミカンハダニもクモの糸と同じように2本のフィラメントからなっていたのである。

クモの糸は数μ〜10㎛の直径であるが、ミカンハダニの糸の直径は0・1㎛程度と非常に細い。そのため、通常の方法で張力―伸び曲線を測るのは無理である。そこで、ステファンらは原子間顕微鏡で3点曲げテスト法を用いて、成体ハダニが出す糸の硬さを反映する弾性率を測ったところ、成体の糸では24 GPaで、蛹《さなぎ》の糸では15 GPaであった。

2　幼虫が出す糸と繭

虫たちはなぜ糸を出すのか？

私がクモの巣を探している際に木々でよく目にしていたのは、昆虫の毛虫の類である。虫たちに焦点を当てるようになると、「あっ！　あの時の幼虫と繭なのか！」と、そのときは名前が分からなかったものの、映像としては少しずつ蘇《よみがえ》ってくる。今となれば、その時に「もっと関心を持っていればよかったのに！」と悔やまれる。ただ、今である

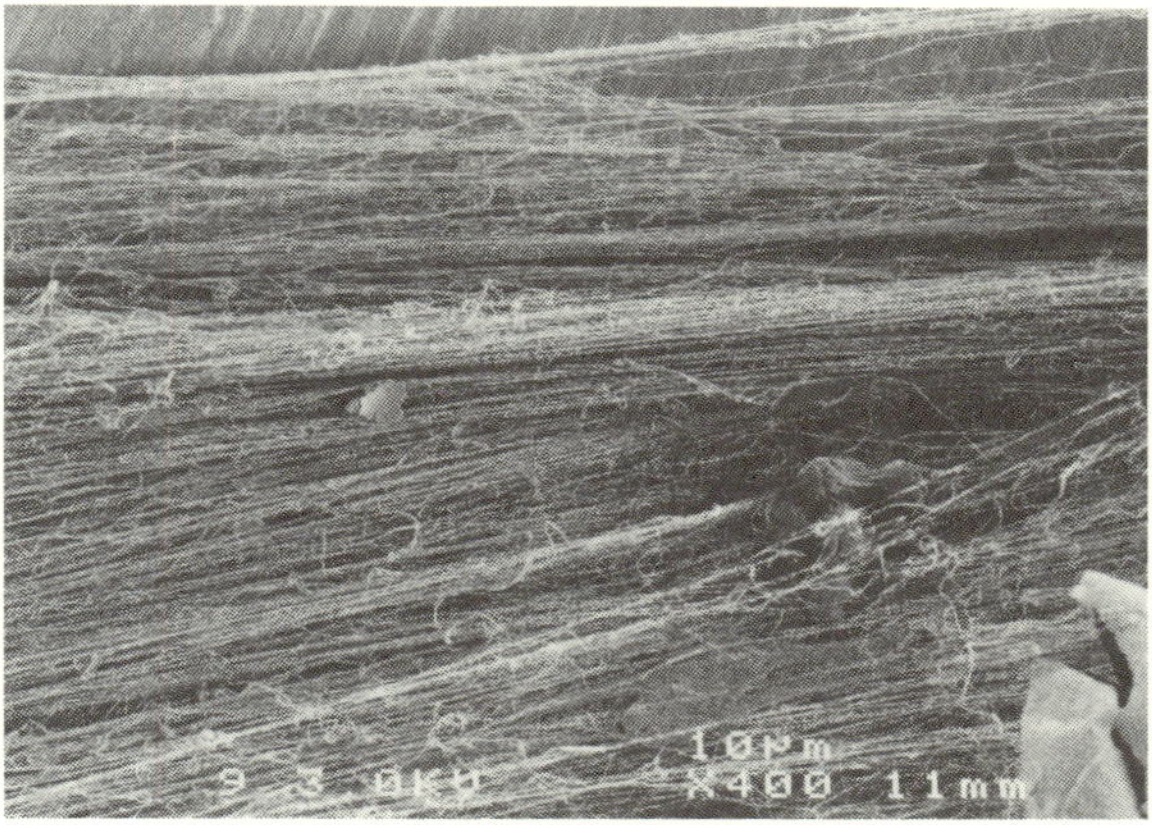

図2　ミカンハダニのたくさんの細い糸

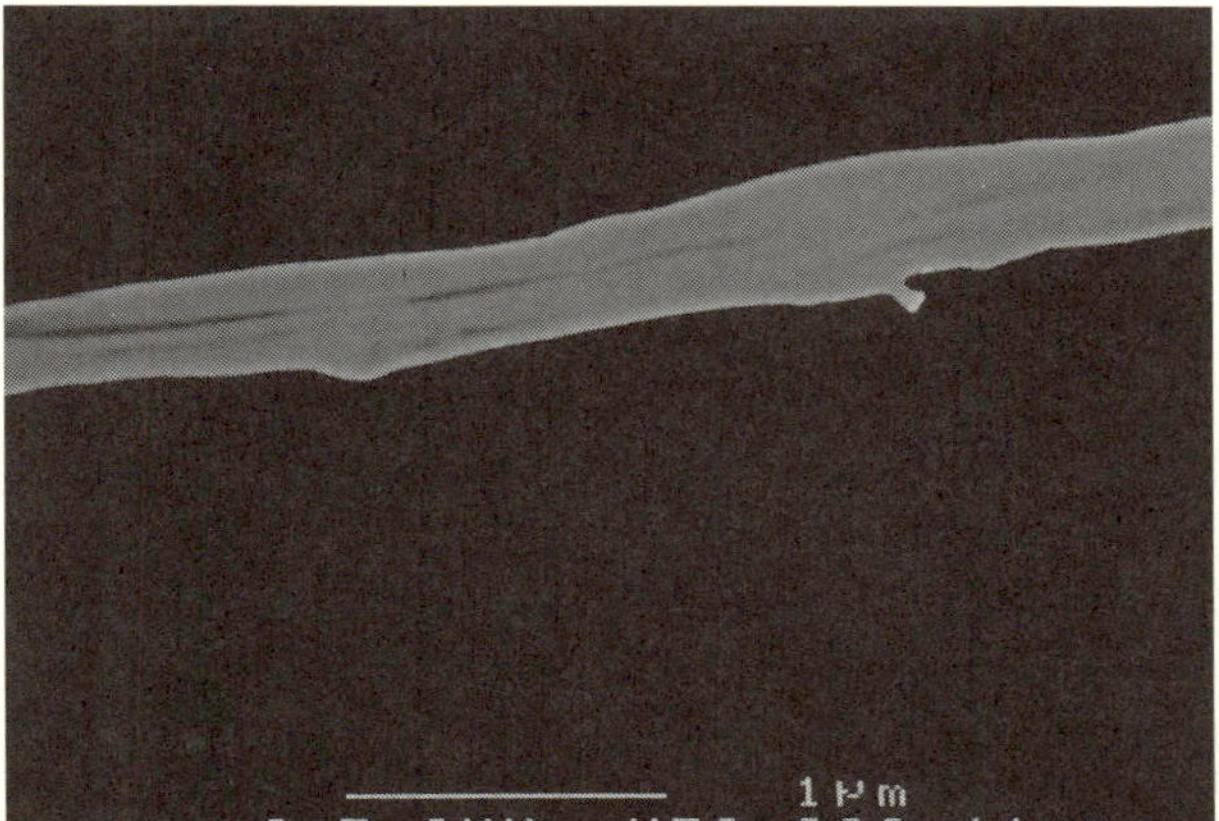

図3　ミカンハダニの命綱の電子顕微鏡写真。やはり2本のフィラメントから成っている

からこそ、当時を蘇らせるきっかけとなったのかもしれない。

虫たちの出す糸を見て、「虫たちは何のために糸を出すのであろうか？」とついつい疑問に思うようになってきた。糸は虫たちが生きていくための重要な道具として生まれたのであろう。当然、虫たちのDNAの中のタンパク質である糸を分泌する遺伝子の設計図に従っているからである。そのような虫たちの糸に対して、人間の視点から糸の役割をある程度推定できそうである。

虫たちが出す糸としては、巣、牽引糸《けんいんし》、流し糸、繭や卵のうなどが挙げられる。巣は住居や獲物を取るためや、防衛手段にもなる。牽引糸は虫たちが移動するときの命綱や道しるべにもなる。流し糸は空中飛行に不可欠な糸である。また、卵のうは卵の保護である。さらに、繭は幼虫が外敵に襲われないように防御できる機能を持たせている。オスがメスへのプレゼントを包む場合に絹糸を使ったりするケースもある。

繭は虫たちが休眠などで活動を止めた場合とか、動けず全く無防備になってしまう蛹のために、自然環境や外敵から守るのに適している。このような目的のために、敵に繭は見つけられないようなところ、たとえば、葉の裏側とか、葉を綴《つづ》った中とか、落ち葉の中に作ったり、幹や枝のところや、葉から糸でぶら下げたり、土の中に作ったりなど様々な場所に作る。そのため、我々が繭を探そうとすると、日ごろから余程関心を持っていないと簡単には探しきれないものである。

カイコをはじめ多くのガやチョウの一部の幼虫、スズメバチの幼虫、アリ、マルハナバチやそのほかのハチ、さらに数種の昆虫は、唾液腺から変化した絹糸腺より分泌され、口の両側にある「出糸突起」から押し出される絹糸で繭を紡ぐのである。

毛虫とはチョウやガのような鱗翅《りんし》目《もく》の昆虫の幼虫で毛や棘《とげ》の多いものをいう。毛虫の中で、毒刺《どくし》毛《もう》を持って人体を刺すのはドクガ、イラガなどの一部に限られており、毛が少しだけ生えたのはイモムシと呼ばれる。幼虫は絹糸腺をもっており、糸を出して木や葉にぶら下がり、また糸で繭を作るものがいる。オビカレハやアメリカシロヒトリなどの幼虫は糸を吐いて繭を作り、そこで集団で生活する。オビカレハの幼虫は枝上に糸を張って天幕状の共同の巣を作って住むことからテンマクケムシともいい、アメリカシロヒトリの幼虫はクモの巣のような糸を張って、その中で集団生活をする。また、ハマキガやセセリチョウなどの幼虫は糸で葉を繋《つな》ぎ合わせて巣を作る。幼虫は移動するときに糸を使い、前を行く幼虫の吐いた糸を辿《たど》って他の幼虫が続いていくものもいる。

ツムギアリの幼虫は絹糸を出すが、成虫は出せない。そのため、ツムギアリの成虫は、幼虫を顎に挟んで織り機のように繰り、幼虫の出す絹糸で葉を紡ぎ合わせて木に巣を作っていくのである。テンマクケムシは唾液腺から絹糸を出し、野生の桜の木の股に真っ白で巨大な巣を作ってそこに隠れる。テンマクケムシの巣から1m近い長さの絹糸がとれるという。メキシコがスペインに征服される何世紀も前から、アステカ人などはテンマクケムシの絹糸を利用しており、それらは16世紀には立派な交易品であったと言われている。また、メキシコに生息する野生で絹糸を作る唯一のスゴモリシロチョウの幼虫は、100匹以上も集まって共同の巣を作り、その密な絹糸の巣を、古代メキシコ人は紙の替わりに使い、一部の地域では1950年頃まで採集され、加工されていたという。

世界的な絹糸の歴史の中で実用化されたのはカイコからの絹糸がほとんどである。前述のような毛虫やチョウからの糸は実用に供されてきたとはいうものの、量産化という点では無視し得るレベルである。しかし、絹糸を分泌する虫はまだまだ多い。その中の一部でミノウスバやミツバチなどの虫たちの糸について少し触れてみたい。

ところで、多くの昆虫が糸を出すが、「糸をどこから出すのだろうか？」という疑問も湧いてくる。それらに対して、口から出すものや、尻や腹から出す虫たちも見られて面白いものである。

虫たちの出す糸はそれぞれの生活スタイルによって、特徴ある機能が発揮できるように作られている。そのため、絹糸を構成しているタンパク質のアミノ酸組成や物理化学的性質は、糸の特殊性機能を反映している可能性もある。虫たちの糸は、今まで生態の観点から調べられてきたものの、絹糸の物理化学的な視点からの研究はほとんど未開拓である。

ミノウスバの糸と繭のミクロを観る

マダラガ科に属するガであるミノウスバに興味を持ったのは、阪神・淡路大震災直後に島根大学に赴任していた時である。ミノウスバの幼虫は体長20㎜ぐらいで、薄緑の体に黒の縦縞が背中に走っており、ニシキギ、マユミ、マサキなどの葉を集団で食べて植物を丸坊主にすることが多く、害虫として知られる。繭は、長さが15㎜で幅が6〜9㎜

ぐらいで淡褐色の長楕円体《だえん》をしている。繭づくりは餌となる植物から地面に降りて落ち葉を利用するが、葉上に作ることもある。ミノウスバも毛虫の一種ということになる。

25年ほど前の私は、クモやカイコ以外で、糸を出す虫を探していた。当時、私がすぐ浮かぶ糸を出す虫と言えば、ミノムシや毛虫ぐらいであった。ミノムシや毛虫と言ってもその種類など分からないままであった。

島根大学の私の研究室の棟から降りて、一階の西出口から出るとすぐに木が植わっていた。昼食になると、いつもその木々の傍《そば》を無意識に通り過ぎていた。ところが、5月のある日のことであった。木々の近くを歩いているとふと細長いものが垂れ下がっているのが太陽光で光って白く見えた。「何だろうか?」と思って木に近づいてみた。それは葉から下方に伸びた細いものの先端に毛虫がぶら下がっていたのだ。光って白く見えた細長いものとは糸であった。

その時、「この毛虫の糸もクモの糸のように、調べてみれば面白いかもしれない」と思った。それは、「糸の強度はどうなっているのか?」という興味もあるが、やはり「ぶら下がっている糸が何本のフィラメントから成っているのか?」を調べることであった。すでに、クモの糸の命綱は2本のフィラメントから成っており、それが「〝2〟の安全則」に従うことを見出していたことから、「毛虫ならぶら下がる時の糸の『安全則』はどうなっているのだろうか？」に関心が湧いたのである。

最初は糸でぶら下がっている毛虫を観察していたものの、その昆虫の名前が分からなかった。そこで、生物資源学部の先生に尋ねたところ、「それはミノウスバの幼虫ですね」ということであった。ミノウスバは日本に分布しており、成虫は晩秋に羽化し、陽光の下で飛ぶという。私がミノウスバに出会ったのは春に孵化《ふか》して葉を食べ、5〜6月に蛹化した後であった。確かに、木の葉がかなり食べられている状態であった。

毛虫がミノウスバと分かってからは、木の近くを通る度にミノウスバが気になっていた。ミノウスバがぶら下がっているときに出している長い糸を切り取れば、糸の性質を調べることができるのではないかと思い始めた。しかし、ミノウスバはいつでも木からぶら下がっているわけではない。それで考えたのが、木を揺らすことであった。木を揺らすと何匹かのミノウスバは一斉に糸を垂らして降りてくる。その時に出す糸をサンプリングしようと思い、木を揺らしたところ、ミノウスバは糸を垂らして降りてきた。

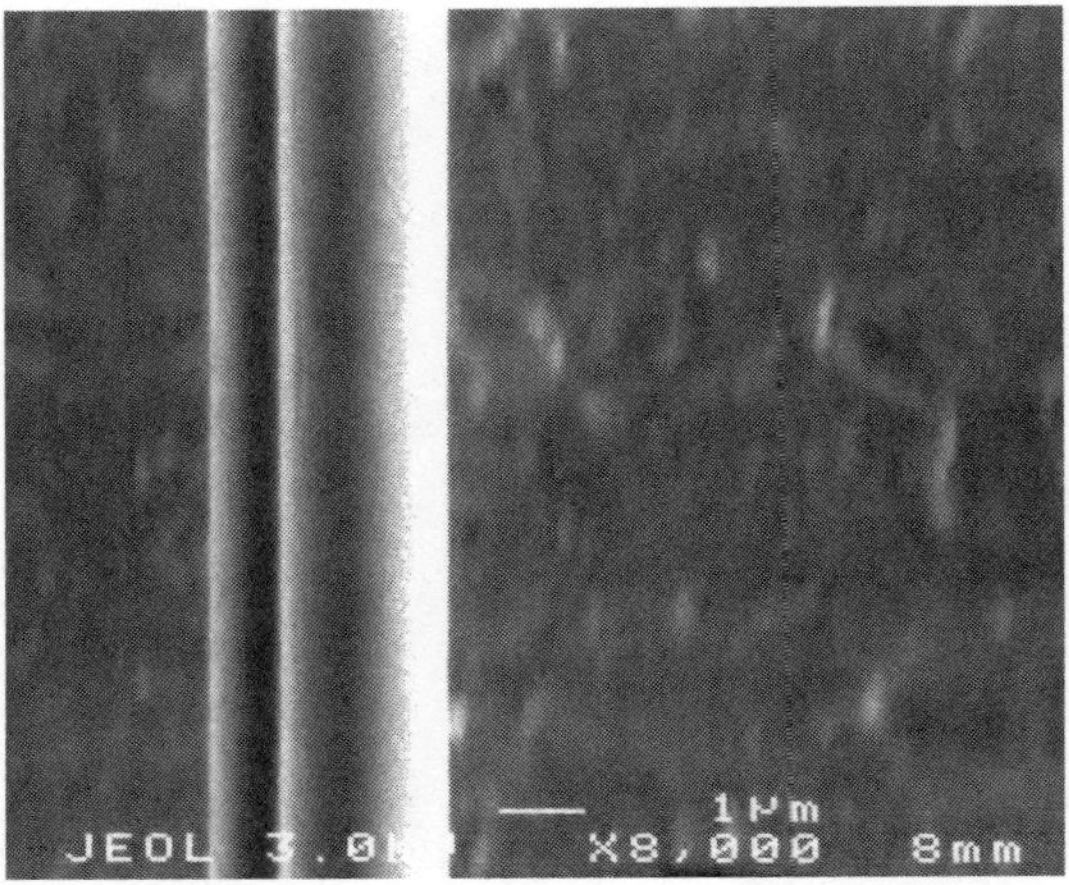

図4　2本のフィラメントからなるミノウスバの命綱

ミノウスバの幼虫がぶら下っている1本の糸をサンプリングし、その糸を電子顕微鏡で観察することにした。1本に見えた細い糸は、拡大すると2本のフィラメントからなっていた（図4）。クモの糸も2本のフィラメントからなることから、「ミノウスバも2本か！」とびっくりしたものである。

1998年5月の後半からミノウスバの体重と糸の断面積との関係を調べ始めた。その後、2007年になってからもミノウスバに再度チャレンジした。ミノウスバの糸に過剰な力が加わり、弾性限界点以上に伸びてしまうと、糸は元の長さに戻らない。このため、サンプルを入れた瓶を逆さにしてミノウスバが自然に降下するようにして糸を出させ（図5）、その糸を採取し、張力—伸び曲線を測ってみることにした。そして、断面積を考慮した応力を算出したところ、ミノウスバの糸の応力はクモの糸より小さいことが分かった。やはり、ミノウスバは、一定の期間だけ糸と付き合うことからクモの糸ほど強度がなくても良いのかもしれないと思ったのである。

図5　糸を出すミノウスバ

奈良県立医科大学に異動してからのことである。学生らと藤原京跡地近くの飛鳥川《あすかがわ》の土手に植えられている桜並木に沿って毛虫を探すことにした。春となると結構たくさん毛虫がぶら下がっているはずであると予想していた。あらかじめ、中央部を長方形にくり貫いた1㎜厚のプラスチック枠の両側に両面粘着テープを貼り、ぶら下がっている毛虫の糸の両端をその粘着部にくっつけて持ち帰った。毛虫の糸の電子顕微鏡写真では、明らかに2本のフィラメントから成っていることが確かめられた。たとえば、85・1㎎の毛虫の1本のフィラメントの直径は2㎛であることから、毛虫が糸にぶら下がる際に糸にかかる荷重応力は133MPaであった。

ミノウスバの繭のミクロ構造を電子顕微鏡で調べたところ、隙間は沢山あり、絹糸が上手に織りなされている（図6）。さらに拡大してみると、1本の絹糸と思われるものが、2本のフィラメントからなっていることが分かった（図7）。

シャクトリムシの命綱

シャクトリムシは昆虫綱鱗翅目シャクガ科の幼虫のことで、イモムシ状であり、毛虫とも違っている。第3、第4、第5腹脚を欠いており、第6と第10腹脚しかなく、体を曲げて丸まって縮んだり、伸ばしたりしながら歩く。まさに、人が指などで長さを測る時のような特殊な歩行をするのでシャクトリムシとの名がある。体を伸ばして枝にいると色も含めて木の枝と間違ってしまう。

医学部の基礎課程の間に研究室配属を取り入れるようになった。ある年の5月の終わりの頃であった。私の部屋に配属された何人かの学生に毛虫の糸を電子顕微鏡で観察してみることになった。それで、まずは大学近くの飛鳥川沿いの桜並木に向かった。花びらが散って緑の葉っぱがついた桜の木の周りを探したところ、枝からぶら下がっている毛虫や木に群がっている毛虫など様々な幼虫に出会えた。

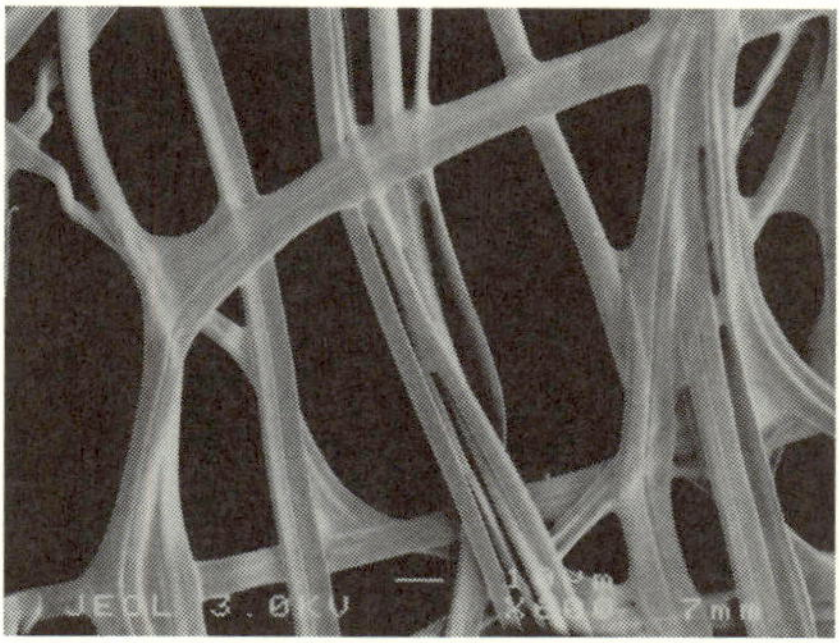

図6　ミノウスバの繭の電子顕微鏡写真

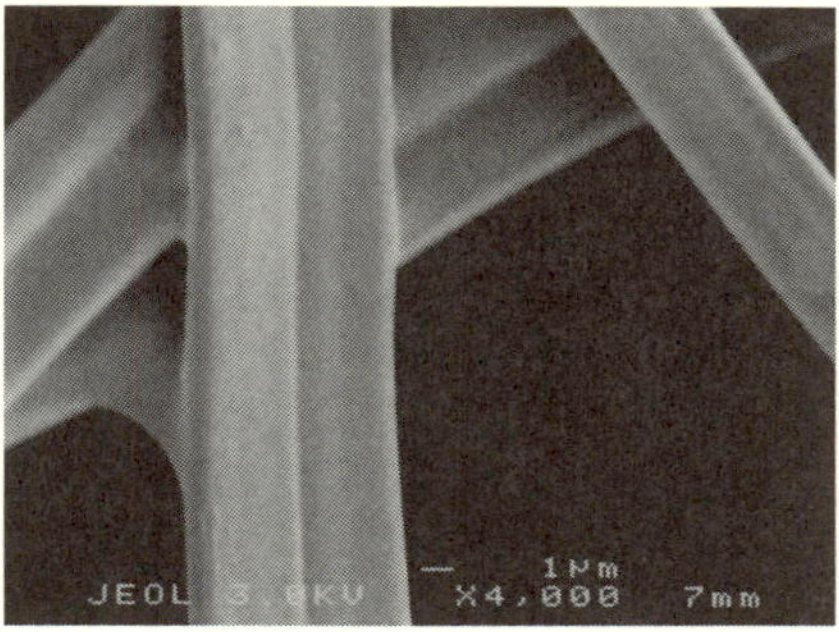

図7　ミノウスバの繭の拡大電子顕微鏡写真

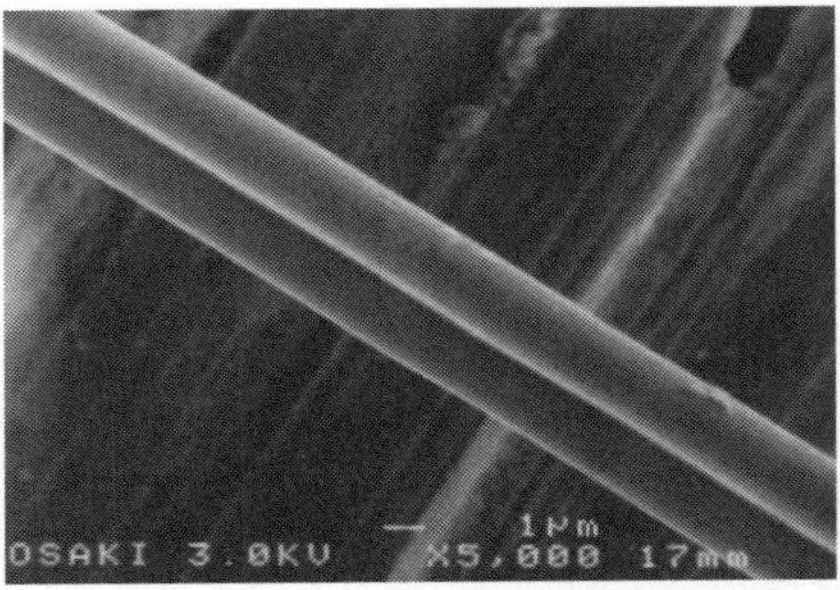

図8　シャクトリムシの命綱の電子顕微鏡写真

学生達とそれらの毛虫を何匹か捕えて研究室に持ち帰ってきた。採集した毛虫のうちにシャクトリムシがいた。学生は興味を持ったシャクトリムシを手の平に乗せた。すると、シャクトリムシは手のひらで縮んだり伸びたりしながら移動するのだ。移動しているシャクトリムシからどのようにして糸を出させるのか考えていた。シャクトリムシから糸を取り出すのは学生にとっても初めての経験であった。それでも試行錯誤を繰り返しながら、やっと1本の細い命綱を取り出すことができるようになった。

ところで、シャクトリムシの糸といえども、命綱としてどのような構造になっているのかは興味深いものであった。重さ71mgのシャクトリムシの命綱を電子顕微鏡で観ると、細い糸は2本のフィラメントから構成されていたのだ（図8）。やはり、虫たちの命綱と言われる糸は、今のところすべて2本のフィラメントからなっていた。

3　絹を作る昆虫たち

ミツバチ

クモや昆虫が作り出す絹はタンパク質による繊維である。絹の大部分は、アミノ酸残基の繰り返しのある分子量の大きいタンパク質が分泌時に延伸されることによって、βシート構造を取るようになる。ミツバチの分泌する絹の場合は、約3万という小さな分子量の4つのタンパク質からなっている。この分子量は酵素のそれに近く、クモやカイコの糸の分子量と比べると一桁も小さいものである。それぞれの分子は一次配列で繰り返しがなく、コイルドコイル構造を取っている。明らかに、ミツバチの出す絹糸はガやクモ糸では一次配列で繰り返しがあるのと比べて完全に異なったデザインである。コイルドコイルというのは多くのαヘリックスが互いに巻いているタンパク質構造の配列である。

なお、ハチと同じくアリの糸も赤外線スペクトルではコイルドコイル構造であることが確かめられている。ハチとアリの絹糸の遺伝子を調べると、約1・55億年前にハチとアリが分岐したことが分かっている。ミツバチ、スズメバチ、兵隊ジガバチを含んだ種は、全く異なった分子構造を持った絹糸をβシートにしている。これらの種の卵のうの絹糸は繊維軸に平行に走っているコイルドコイル構造からなっている。このように、ハチ類で珍しい構造を持った糸が見つかり、その機能についても関心がもたれている。

イラガは小型のガ類であり、その幼虫はやや平たいナメクジ形をし、毒針を持っている。カキ、ナシ、サクラ、ヤナギなどの多くの植物に寄生している。

イラガの幼虫の作る繭は小鳥の卵のような形をし、俗に「スズメノショウベンタゴ」と呼ばれている。木の幹に作られた繭は回転楕円体のような形をしており、非常に硬くて丈夫である。最初は自らの体を木の表面に絹糸で隙間の多いドームのように囲ってしまう。次に、そのドーム内で体を動かしながら念入りに繭を作るのである。白い殻はカルシウムを含んでいることに加えタンパク質の層構造によっている。つまり、タンパク質繊維の構造にカルシウムが上手くマッチしてできあがった殻である。東北地方や熊本県では、イラガの繭を笛にして遊んだという話もある。

モミジバフウの街路樹のある歩道を犬と散歩していると、イヌが突然「キャー」と驚くような声を張り上げたので、何が起こったのかと慌てふためいたが、分からない。犬はすぐに歩けなくなってしまったが、様子を観ていても一向に改善しない。動物病院に駆け込むが原因は分からなかったが、一晩で回復した。翌日、庭木に詳しい人に尋ねると「それは、イラガの針が犬の肉球に刺さったのですよ」とのことであった。

トビケラの成虫の体はガに似ているが、昆虫綱トビケラ目に属している。トビケラとは成虫のことであり、その幼虫は「イサゴムシ」や「セムシ」と言われる。幼虫は唾液腺から絹糸を分泌することから、「石蚕」という語が当てられている。昆虫の中にもクモのようにシルクの網で餌を捕まえるものがいる。小川に棲《す》むトビケラの幼虫はほとんど水中で生活し、水中で絹糸腺から出した絹糸で作った網を作り、流れてくる単細胞の藻類や小さな生物をこし取って食べている。円網を作るトビケラは、糸網のための首ふり動作は正中線をはさんで左右対称、ちょうど8の字を横にしたようなパターンである。この8の字運動はカイコの繭づくりやミツバチの収穫ダンスに似ている。河川、池や湖などの淡水で生活していて、砂粒、植物片などを絹糸で自分の体に巻き付けて生活している。トビケラは幼虫の時に絹糸を用いて河川の礫底《れきてい》に固着巣と網作りの習性を発達させて生き延びてきた。

ところで、渓流釣りの餌としてトビケラの幼虫や成虫がよく使われる。長野県出身の学生によると、トビケラの幼虫の「ザザムシの佃煮《つくだに》が売られていますよ」ということであった。また、ニンギョウトビケラの筒巣は大黒石または人形石とよばれ、江戸時代から名物や土産ものとして珍重されてきた。

なお、信州大学のグループが、ヒゲナガカワトビケラのシルクタンパク質の遺伝子の塩基配列の解析を行い、新しいアミノ酸配列をした絹糸タンパク質の存在を明らかにしている。

シロアリモドキは昆虫綱シロアリモドキ目の昆虫の総称であるにもかかわらず、その名前はシロアリに似ていることに由来する。世界には約200種で日本には3種存在し、大きさは1cmほどである。地衣類などが生えた樹幹のくぼみに絹糸で巣を作り、少数の個体が集団で生活している。絹糸液は前肢にある100個近い絹糸腺から分泌される。手の平からたくさんの糸を出して、樹皮のくぼみに絹糸でわずかな個体が集団で生活できる大きさのテント状やトンネル状の巣をつくるのである。巣は風雨を避けるため、子育てのため、さらに天敵防衛のために役立っている。なお、多くの昆虫は幼虫しか絹糸を出さないのに対して、シロアリモドキは幼虫ばかりではなく成虫も絹糸を分泌するのが特徴である。

ガムシの幼虫も成虫も水中に棲み、体長30㎜ぐらいで、成虫は水草を食べるが、幼虫のときは昆虫を食べる。メスは水面に浮かぶ水草に細い柄のついた卵塊を産み付ける。卵巣の附属腺から絹糸を出して、水中で自分の産んだ卵塊をしっかりと包んで水面に浮かせるというものである。このように、絹糸は水中でも重要な働きをしている。

ノミは世界では200種に近く、日本では約75種が知られている。ノミが寄生する対象は全体の95%が哺乳動物で、残りの5%が鳥類と言われている。メスはオスより数倍も大きいため、「ノミの夫婦」という言葉が使われる。ノミの寿命は適温で300〜500日で、跳躍ではオスは垂直距離で25㎝、メスは15㎝、水平距離でオス40㎝、メス36㎝の記録がある。

幼虫は蛹になる前に唾液腺《だえきせん》から絹糸を吐いて、簡単な繭を作ってその中で蛹になる。ノミも絹糸で繭を作って自らを守るなど、絹糸の役割には素晴らしいものがある。

ところで、「ノミのサーカス」というのは、ヒトノミの頭部と前胸部の間に細い針金をくっつけて、逃げないようにし、拡大鏡で見せる演芸である。その中の演目として、旋回、跳躍、牽車《さくしゃ》、綱渡りなどがある。これは、16世紀にイギリスで起こり、その後、諸国に伝承され近年まで巡業されていた。小さな舞台でノミに小車を引かせたり、ダンスや小さなボールを蹴らしたりして、観客はそれを虫眼鏡で覗《のぞ》くのである。ところで、吸血性昆虫であるノミ類は、動きが速いので捕えるのが難しいが、イヌイットはノミを美味なものとして称賛しているらしい。

第五章　虫たちの糸と最先端技術

クモ、カイコ、ミノムシ、ダニを含む多くの虫たちが糸の機能を生活の中でうまく発揮していることを少しばかり垣間《かいま》見てきた。ここで、我々は、虫たちの糸の素晴らしい機能をどのように生かすかが問われてくる。素晴らしい機能であってもわずかしか得られない糸であれば、たくさんの糸を得るための課題に挑戦することになる。また、虫たちの糸のさらなる神秘的な性質や構造を明らかにするとともに、遺伝子工学や化学重合法で天然に近い人工の絹糸を作り出すことが期待される。もちろん、虫たちそのものの交はいするなど、大量に糸を作り出す方法も忘れてはならない。一方、天然のままでなくとも天然の糸に近いミミックな性質を持つタンパク質を作れば、実用化に向けての量産化という動きも出てくる。

そこで、今後期待される虫たちの糸の実用化に向けての先端技術としての遺伝子工学を含めた動きを探ってみたい。

1　クモの糸の実用とは

クモの糸から照準器、バイオリンの弦や服も

クモが巣を張るときや巣で獲物を捕らえているときに糸を巧みに利用しており、糸のユニークな特性から、古くから糸を利用できないものかと考える人もいた。しかし、クモは共食いをするので、カイコの養蚕のように大量生産はなかなか難しいものがあった。それでも、過去にクモから直接取り出した糸による作品が展示されたことがある。それは18世紀の初期にフランスのボンがクモの糸で作ったストッキングと手袋である。

私が粘着紙を研究していた40年ほど前、粘着剤は全体にわたって均一に塗布するのが常識であった。その後、クモの巣の横糸のように間隔を置いて粘着剤を塗布する技術が生まれている。それが最近よく使われている粘着性の付箋である。

古くからクモの糸が実際に使われていたのは望遠鏡、ライフル、銃の照準器などのレンズの十字目盛《クロス》である。40年ほど前、知人から「照準器にはクモの糸が使われています」と照準器を見せてもらいながら話を承ったものの、なぜクモの糸が相応《ふさわ》しいのかの

理由は分からなかった。その頃すでにクロスはレーザーで目盛られる時代になっていたものの、クモの糸が目印として使われていたのには驚いたものである。照準機能で避けねばならないことは、糸が湿度によって伸びてクロスの位置がずれてしまうことである。絹糸をはじめ、ほとんどの物質は吸湿によって伸びて弛《ゆる》んでしまうため、直線が維持できず、クロスの位置がずれてしまう。私の最近の研究で、クモの糸なら両端を固定しておけば、高湿や低湿でもクロスの位置は維持されることが分かってきた。このように、照準器にはクモの糸の機能が上手《うま》く反映されていたのである。

最近では、2008年にフランス人によるクモの糸で作られた絨毯《じゅうたん》が米国のスミソニアン博物館に展示されたことがある。フランスのかつての植民地であったマダガスカルで、数百万匹のクモから現地の安価な労働力を使っての人海戦術で採集している。日本では環境破壊かと思うほど多数のマダガスカルジョロウグモを用いている。

著者は2006年にクモの糸で紐《ひも》を作って人がぶら下がることに成功してから、2010年にはクモの糸で細くて強いバイオリンの弦を作った。

さらに、2012年にはフランス人の作ったクモの糸による服が作られている。このケースも人海戦術で多くのクモからの糸を集めて作ったものである。

宇宙船ロープは可能か？

クモが糸を出して巣からぶら下がっているのを目撃することがあるが、巣から降下する距離はせいぜい2mぐらいである。しかし、本当はクモがどれぐらいの長さまで糸を出せるのかは興味深い問題である。芥川龍之介《あくたがわりゅうのすけ》の小説『蜘蛛《くも》の糸』のように、お釈迦《しゃか》様が糸を垂らすとどこまで垂らせるかという点である。

まずはクモの牽引糸《けんいんし》が自重で切れる長さを求めてみたい。ジョロウグモの牽引糸の破断応力は約1・5ギガパスカルで、密度は1・28g／cm³であるから、牽引糸の直径に関係なく約120kmまで垂らせることが分かる。重さ1gのジョロウグモが出す牽引糸のフィラメントの太さは6・0μmくらいだから、120kmの長さの牽引糸の重さは4・34gとなる。このケースのように1匹のクモから自らの重さ以上の糸を出すことは不可能である。今までの経験から1匹のクモから重さ3〜4mgに相当する牽引糸なら一度に取り出すことは可能と思われる。クモから一度に取り出せる牽引糸の長さは80m〜1

10mぐらいである。

次は、1㎜の太さのクモの糸に60kgの人がぶら下がるとすると、人の重さとクモの糸の重さを考慮すると、60kg程度はぶら下がれることになる。もちろん、理論計算と現実にはギャップがあるので安全率を上げておかないといけない。たとえば、1㎜の太さで100m長のクモの糸紐を4本使って60kgの大人がぶら下がることは十分可能である。このように、軽くて切れにくいクモの糸の場合は、ヘリコプターによる救助活動用のロープや宇宙船でのロープへの応用に繫《つな》がる可能性がある。

20世紀の後半には、著者も含めた研究によって天然のクモの糸はユニークな特性を持つことが次々と明らかになってきた。そこで、素晴らしい特徴を持つクモの糸の大量生産をどうしたらよいのか？　という課題が生まれてきた。クモがカイコのように大量飼育ができれば糸の大量採集も可能になるかもしれない。クモの大部分は排他的であるため、狭い空間で多数のクモを飼育するわけにはいかないため、今のところ、クモの糸の大量採集は極めて難しい。ただ、発想を転換して、クモの品種改良を行ってカイコのような大量飼育という道は捨てきれないのである。

2　カイコの絹糸はこんなにも役立つ

カイコが食料やテグスに

カイコの蛹《さなぎ》は養蚕をやっていた日本の山間地域で、魚介類の乏しいところではタンパク質源としては広く食べられていた。長野県ではカイコの蛹とメス成虫の大和煮の缶詰のみならず、イナゴの佃煮《つくだに》が売られている。太平洋戦争の頃には、食糧事情のために蛹を小学校の体力増強用に用いたことがある。また、生で食べたり、油で揚げたり、佃煮にして食べたりしていたという。一方、中国や東南アジアの養蚕地で蛹が食用とされるのは珍しくもない。ただ、食べたことのない人にとっては、カイコの蛹の缶詰とはびっくりするが、古くは田舎で木の中の虫の蛹を火に炙って食べた記憶のある人は多いと思われる。

今から30年以上前に、絹糸が釣り糸に利用されているという情報を得た。それをきっかけに私はカイコの絹糸腺で作った釣り糸を入手するために阪神間、大阪府泉南《せんなん》地域、神奈川県三浦半島の久里浜などの海辺にある数多くの釣具店を順次訪ね歩いたことがある。店員に「テグスありますか？」と尋ねると、「ありますよ」と言って、快く応対してくれた。しかし、見せてくれたテグスは、ナイロンやフッ素系の合成繊維からできた釣り糸であった。期待していたものと違うので、「えっ！　これがテグスですか？」とびっくりした。それで、私は「実は、絹糸で作った釣り糸が欲しいのです」と言うと、店員は「それは、置いてないですね」との返事であった。つまり、絹糸腺からの釣り糸のテグスという表現が今や合成繊維からなる釣り糸の呼び名に代わっていたのである。ちなみに、テグスとは天蚕糸のことである。

何軒か尋ね歩くと、「確か、そのようなテグスは以前に淡路島で作られていたようです」との情報を得ることができた。早速調べてみたところ、磨《みがき》テグスの生産地は、兵庫県淡路島の洲本《すもと》市由良ということであった。明治時代の淡路島では、中国の南部地方から買い付けた野蚕からの荒テグスを磨いて製品に仕上げていたのである。淡路島はかつて磨テグスの日本一の生産地であったという。ところが、第二次世界大戦中は中国からのテグスの輸入は途絶えたために、生糸を練り合わせた絹糸をゼラチンで固めて人造テグスが作られたという。その後はナイロンのテグスの出現によって、本来の絹のテグスはすたれてしまった。

なお、テグスの作り方としては、まずは野蚕のヤママユの幼虫から腸腺を取り出して、酢酸液に20分ほど浸す。その後、それを清水で洗浄し、両端を軽く引っ張って固定し、乾燥させる。次に、乾燥させた腸腺を漂白液に浸した後、再度水洗いし、汚物をとって乾燥するというものである。こうしてできた糸が荒テグスで、輪に仕立てて市場へと搬出するのである。中国で生産された長さ1・5～2mの荒テグスを由良では一本一本一定の太さに磨き上げるプロセスを経て製品に仕立て上げるのである。現在は引っ張り強度や水の中で浮いてしまわないような密度を考えた合成繊維の釣り糸が作られている。たとえば、ナイロン、ポリエステル、フルオロカーボンを素材とする合成繊維が釣り糸（テグス）として使用されるようになってきている。

絹糸が着物、化粧品や絃に

家蚕の絹糸は光沢があってしなやかで、艶やかさがあり、ドレープ（布の垂れぐあい）が美しく、温かくて吸湿性がよく、引っ張りに強いという特徴がある。また、染色性に優れていることから美しい色彩に仕上げることができる。繭糸を数本引きそろえて作った糸は、羽二重《はぶたえ》などの織物に使われる。ところで、着物を1反（成人1着分の衣料に相当する分量）作るのに、約3000個もの繭が必要である。さらに、着物に加えて襦袢《じゅばん》、八掛《はっかけ》、帯、帯揚げなどを含め、着物一式をそろえるのに1万2千個の繭が必要である。ちなみに、その数のカイコを育てるのに必要な桑の葉は、450kgと驚くほどの量になるという。このことを理解しておれば、私たちは着物を大切に扱う気持ちになれるであろう。

絹織物には多くの種類があるので、かなり着物に精通していないとそれらを区別するのは難しい。絹糸として、羽二重、縮緬《ちりめん》、綸子《りんず》、お召《めし》、紬《つむぎ》、銘仙《めいせん》、錦紗《きんしゃ》や綴綴《ろつづれ》などの絹織物があり、なかなか奥深い。羽二重、縮緬、綸子やお召は生糸からなっており、羽二重、縮緬や綸子は後練織物で、お召は先練織物に分類される。用途として、羽二重はブラウス、マフラー、和装着尺《きじゃく》や帯に、縮緬は和装着尺、ブラウスやドレスに、綸子や縮緬は訪問着、和装着尺や羽尺《はじゃく》に使われている。グレードは少し落ちる紬は和装着尺、民芸品に利用されている。昨今では、絹の洋服が高価であるにもかかわらず、百貨店ではパーティー用として女性が購入するという。上品で、優雅で、染色性が良いのに加えて、手触りが非常に良い点を評価して購入に至るのである。

古くから絹織物は着物として使用されるのが主流であった。しかし、繭の中で蛹がガになり、繭から抜け出して穴の開いた繭や玉繭で屑《くず》になるものができたので、そのくず繭を平面上に引き延ばして綿のようにしたものを真綿《まわた》と言う。この真綿は、弾力性は小さいが、引っ張りに強く、切れにくく、保湿性に優れている。切れにくいという利点を上手に利用していたケースがある。それは、蒙古《モンゴル》襲来のときに蒙古軍のつけていた真綿で作られた綿甲冑《かっちゅう》は軽くて、矢を突き通せず、刀も刃が立たないので防弾チョッキに使用されていたという。また、真綿は羽織の紐、帯や布団などに使われ、また衣類に入れて寒さをしのぐのに適していた。真綿の代表的なものとして、茨城県と栃木県を主な生産地とする伝統的絹織物として国の重要無形文化財になっている結城紬《ゆうき》が挙げられる。

今では少なくなってきた婚礼での花嫁衣裳《いしょう》で、花嫁さんの真っ白な綿帽子は真綿を白い絹の布でくるんだものである。これは、室町時代に寒さを防ぐために頭に真綿を被ったことに由来している。なお、江戸時代では庶民には絹糸の着物の着用は禁止されていたが、真綿の利用は禁止されていなかった。

繭から取り出したセリシン付きの未製錬の生糸は三味線、琴、琵琶《びわ》の絃として使用されてきた。最近では、絃はナイロンなどの合成繊維に代わってきているが、それでも生糸の良さを追求して、絃として使用している人も多い。絃としては高い強度が要求されるので、生糸にデンプン糊《こ》を塗布しているケースもある。三味線の絃としては、「音《ね》艶《づや》」が大切と言われる。弾きこんでいくうちに音艶が無くなっていくので、本番前に絃を取り替えるプロもいるらしい。このように、絹糸はポリエステル繊維と違って、温湿度の影響を受けやすいので音程の調節に気を使う必要がある。プロともなると、絹糸の性質を理解しつつ、絹糸の絃を上手に使いこなして演奏するのである。

最近では、絹糸のイメージを利用して、絹入りの化粧品が売られている。絹は白くて保水性があるのに加えて、高級感のあるイメージと肌にもなじむということで重宝がられている。ただ、化粧品には約30万もの高分子量のタンパク質が入っているのではなく、分解して分子量を低下させたペプチドが含まれている。また、絹糸はファンデーション、口紅、クリームや洗顔料などの化粧品にも配合されている。とにかく、イメージの良さから商品が売られているのであろう。

医療素材への道

昨今、健康問題がクローズアップされてきた。中国ではすでに絹糸はアトピー性皮膚炎に良いとの報告がある。また、合成繊維が開発される以前から絹糸は縫合糸として利用されてきた（図1）。その特徴は生体高分子であるために、適度の強度と生体親和性に優れているためである。

紀元200年頃のガレンの文書に、ヒツジの腸が縫合材料として使用されたとの報告がある。19世紀の半ばから外科縫合術の進歩は目覚ましく、金、銀、カイコの腸、絹、綿などが使用された。20世紀になると、腸腺、絹糸、綿糸が主要な縫合材料として使用されるようになった。その中で、絹糸は最も広く使われてきた非吸収性の縫合材料である。絹の中に含まれている、蠟《ろう》とゴム成分などを除去し、さらに植物染料で染めた糸である。絹糸の縫合糸には、撚《よ》り糸と編み糸がある。絹糸は、感染を防ぐためと、体液や湿気への抵抗力を持たせるための加工がされている。絹糸は生体適合性が比較的よいので、無菌手術や感染のない組織に使われたりする。

最近では、合成繊維の時代になり、縫合糸としてナイロン糸、ポリエステル糸やポリプロピレン糸などが使われるようになった。また、数週間後には体内で分解吸収されるポリ乳酸やポリグリコール酸による縫合糸も注目されている。皮膚科学分野では、抜糸時に痛みを伴う絹糸より痛みを伴わないナイロンの縫合糸が好まれている。また、脳外科分野では内部に異物として残るナイロンや絹糸よりも内部で分解するポリグリコール酸などの生分解性縫合糸が好まれる。ただ、力学的に強度が必要な整形外科分野では絹の縫合糸が必要とされており、用途によって使い分けされているのが現状である。

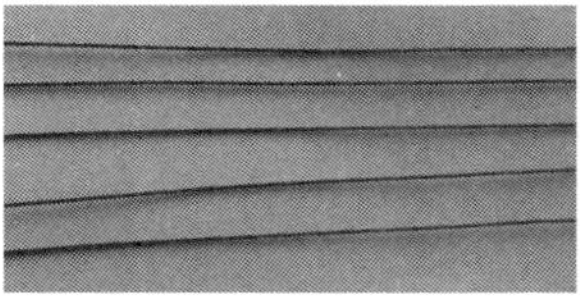
図1　絹糸の縫合糸

絹糸の応用への道の一つは人工血管への開発である。人工血管における大きな問題は血栓の発生をいかになくすかというところにある。この観点から、生体適合性に優れている絹糸を血管として適用する研究開発が試みられている。朝倉哲郎（東京農工大学名誉教授）らが中心となって、絹糸人工血管をラットへ移植する実験を行い、ポリエステル人工血管よりも優れていることを確かめ、さらに哺乳動物での移植実験が期待されている。血管での課題は、小口径人工血管においては、いかに血管の閉塞《へいそく》を解決するかである。最近非常に多くなっている循環器病の患者における血管での血栓とそれに伴う閉塞という古くからの問題をいかに解決するかが大きな課題として残されている。

3 なぜ注目される虫の糸

糸の遺伝子工学の流れ

植物が作り出す繊維としては麻や綿がある。これらの繊維は大規模なフィールドでの恵みによって大量栽培と大量収穫が可能であり、衣服、袋、ロープなどに使用されてきた。一方、動物の作り出す繊維としては、毛皮やカイコからの絹糸などの繊維は量産化が可能で、採算ベースに乗っていたこともあって、古くから人々の衣生活を支えてきた。これらの繊維は20世紀に合成繊維の出現によって影響を受けてきたとはいうものの、今なお実用に供されている。それ以降、新規の天然繊維の出現は見ていない。

虫たちの中には絹糸を出すものがたくさんいるが、カイコ以外の絹糸の量産化は難しいために実用化には程遠い状況にある。それらは、ユニークな性質を示す糸を出すクモや、わずかしか糸を出さず、その糸の性質すらわかっていない虫たちである。

虫たちの出す糸で実用化されていない糸の中でも、クモの糸の性質は比較的よく調べられてきており、最近は糸の量産化をどうするのかが話題になり始めた。クモの糸への動きに伴って、ほとんど未知であった虫たちの糸にも注目が集まり始めたのである。そのきっかけとなったのは20世紀末に現れてきた遺伝子工学の発達である。虫たちの糸は彼らの活動にとってかけがえのない機能を持っていると思われる。遺伝子工学を用いて虫たちの糸の素晴らしい機能を理解し、さらに量産化できれば、それらの糸は人間社会に重要な役割を果たす可能性を秘めている。今や、長年にわたって日陰の存在であった虫たちの糸に期待が向けられる時代になってきたのである。

21世紀の分子遺伝学の基盤になっているのは、オーストリア生まれでチェコのブルノの修道院の庭で行ったメンデルの有名な「エンドウの遺伝研究」（1856〜63）である。その後、DNAの構造的議論ができるようになったのは、フランクリンのDNAのX線回折写真を見たワトソンとクリックがDNAの二重ラセン構造を決定し、イギリスの科学雑誌『ネイチャー』に1953年に発表したことによる。

私が大学の学部を卒業した1969年頃は、生物学では遺伝学に関してはまだ細胞内での染色体レベルの議論であり、まだ、1953年にワトソンとクリックによるDNAの構造解析の素晴らしい研究成果の実用的評価が躍進する前のレベルであった。世の中は合成高分子による合成繊維の華やかな時代であったことから、研究者の多くはタンパク質の構造解析よりも合成高分子の構造解析のほうに関心が高かった。ところが、生物学に革命をおこした一つの技術は1972年にアメリカのポール・バーグとスタンリー・コーエンによって開発された組み換えDNA技術であり、もう一つは1977年にイギリスのサンガー、アメリカのマキサムとギルバートによって開発されたDNAの塩基配列を決定する技術であった。この2つの技術の出現は、ヒトや大腸菌などを含めてすべての生物のDNAも同じように解析できる革命的なものであった。このため、1970年代後半からヒト遺伝子の研究は爆発的に進展することになった。さらに、DNA

技術の解析技術で革命をもたらしたのはアメリカのキャリー・マリスが１９８３年に考え出したＰＣＲ法（ポリメラーゼ連鎖反応法）である。ＰＣＲ法はわずかしか得られないＤＮＡもしくはＲＮＡでも倍々で増加させる遺伝子増幅法である。これらの技術によってＤＮＡの遺伝子の塩基配列を解析し、タンパク質のアミノ酸配列を決定することができるようになってきた。

タンパク質のアミノ酸の残基が末端からどの順に並んでいるかを示したものをアミノ酸配列という。生物の作るタンパク質は３つの塩基の組み合わせによって、１つのアミノ酸が特定される。アミノ酸配列は、タンパク質に固有のものであり、細胞内の遺伝子の塩基配列に基づいて決められている。遺伝子の塩基配列はタンパク質の設計図であることから、特定の遺伝子を他の生物のＤＮＡの中に導入するという遺伝子組み換えによって、その生物に特定の遺伝子に起因するタンパク質を作らせるというものである。つまり、遺伝子組み換え法を使えば、他の生細胞内で目的のタンパク質を作ることができるというものである。この発想は、わずかしか得られない虫たちの絹糸を、遺伝子工学によって大量に作れないかという話につながってくる。

クモの糸の量産化への動き

古くから野蚕のヤママユは、山に行って集めた繭から絹を取り出すことは行われていた。それが、わざわざ山に行って繭を探し歩くよりも、近くで繭が集められれば良いと考えて、カイコの餌としての桑の葉を集めて屋内でカイコを飼えるという養蚕のしくみを作り出したのは、人間のすばらしい知恵であった。

一方、クモは4億年もの進化の歴史を持っていることから、有史以前からクモの存在を認識していた人類は、クモの巣による捕獲能力やクモが糸を使って獲物を捕獲する巧妙な手口に関心を持っていたに違いない。その一つが、何個かのクモの巣を枝木に張りつけて、魚を捕るための網に応用したケースは十分に考えられる。それでも、人々はクモの糸をカイコの養蚕のように大量に集めての実用化を夢見てきたことも考えられる。しかし、クモをカイコのように飼育しようとすれば、クモの共食いの問題があって、クモの大量飼育には大きな壁が立ちふさがっていた。そのため、クモの糸の機能に興味があっても、糸の実用化への目途は立っていなかった。

このような状況で、１９７０年代まで実用化の目途もないクモの糸の物理化学的研究は非常に少ないものであった。ところが、20世紀末までにクモの糸の特性が、柔らかくて強いという性質ばかりでなく、耐熱性、紫外線耐性などの特性が明らかになってくると、それまで無視を決め込んでいた研究者がクモの糸の素晴らしい性質に興味を持ち始めた。21世紀になると雨後の筍《たけのこ》のように多くの研究者がクモの糸の研究開発に関心をもつようになってきた。しかし、多くの人にとっては、興味を持っていても量産化をどうするのかが大きな課題となっていた。

タバコ、ヤギ、カイコからクモの糸作り

天然のクモの糸の性質は非常に素晴らしいといえども、大量飼育によるクモの糸の量産化は困難である。その問題から遺伝子組み換えによってクモの糸の量産化の可能性を模索する動きが出てきた。この動きは20世紀末の大腸菌を使っての遺伝子組み換え法をクモの糸にも応用できないかという発想がスタートであった。つまり、バクテリアのような成長の速い微生物にクモの糸のタンパク質を作らせるという動きが20世紀末に始まり、21世紀になると多くの研究者が取り組み始めた。しかし、バクテリアによる製造の

問題点は、組み換えによる遺伝子の不安定性や経済的な面にあった。

経済的な効果を狙って、タバコという植物を使って、クモの糸の遺伝子組み換えが行なわれた。その結果、420〜3600塩基対の合成遺伝子によって表現された組み換え絹糸タンパク質の収率が2％レベルで得られた。タンパク質の分子量は約10万で、すぐれた耐熱性を示す結果が報告された。それは、クモの糸の遺伝子組み換えによる量産化への動きの始まりの一つであった。

このような遺伝子組み換えにより植物内で絹糸を作らせる件では、タンパク質の分子量アップとともに、経済的な観点から収率を少なくとも15％にするのにはどうすればよいかという課題がある。

哺乳類を使ってクモの糸の遺伝子組み換え技術で世界中に旋風を巻き起こしたニュースがあった。それは、2002年の科学雑誌『サイエンス』に発表された遺伝子工学による人工のクモの糸の合成であった。研究は、カナダのベンチャー企業であるネクシアと米国陸軍によるものであった。ネクシアは潤沢な資金をもとに素晴らしい研究所や牧場を持って、ヤギのミルクからクモの糸を量産するという目論見《もくろみ》であった。ちなみに、私は2003年にカナダのモントリオールにあるネクシアの研究所を訪れたが、クモの糸が多くのボビンに巻かれているのを見て驚いたものである。ヤギのミルクの中に作ったタンパク質の分子量は文献によると約6万であった。ただ、得られた分子量は天然のクモの糸の分子量（約60万）と比べて、一桁も小さい値であった。

ネクシアの成功に触発されて、その後、世界各国からクモの糸の遺伝子工学的研究が雨後の筍のようにアドバルーンを揚げだした。日本では2007年に信州大学においてクモの糸のカイコへの遺伝子組み換えによってクモの糸の成分が10％程度含まれる絹糸を作ったことが報告された。カイコの紡糸機構を上手く生かすという発想で、10％レベルに至ったことは評価すべきである。

その後、多くの企業や研究所も遺伝子組み換えによってクモの糸を作るという研究開発を行い、各国で成果が報告されている。2018年に『ネイチャー』誌に掲載された研究では、クモの糸の遺伝子をカイコに導入する際に、組み換え連鎖を長くしていったところ、破断応力や弾性率が上昇したという報告がある。それらのデータは天然のクモの糸で得られる値よりもはるかに小さく、絹糸の断面測定の問題は未解決のままであるが、連鎖を長くするとともに破断強度が上昇する傾向は傾聴に値する。

分子構造の研究においては、クモの糸のタンパク質におけるアミノ酸配列がすべて明らかになったわけではなく、C末端側からの一部の繰り返し単位が分かったにすぎない。また、クモの糸の遺伝子のクローン化によって塩基配列を決定しようとの努力が重ねられているが、N末端部のアミノ酸配列決定は未解決のままとなっている。クモの糸のタンパク質分子の模式図では、アラニンが多い領域とグリシンの多い領域を含む領域が多数繰り返されており、全体で3000〜4000個ぐらいのアミノ酸からなる中心部分がある。その両端には130個ほどのアミノ酸のある非繰り返しN末端部と100個ほどのアミノ酸のある非繰り返しC末端部に囲まれたタンパク質構造が示されている。中心部は疎水性であるが、両端部は親水性である。

現在のところ、遺伝子工学を用いて中心部のアミノ酸配列の分かった特定の部分の繰り返し単位を長く連ねるために、組み換え単位に相当する遺伝子配列を人工的に合成して、それに対応したアミノ酸配列の人工タンパク質を作りだしている。多くの研究者が作り出している人工のクモの糸の分子量は10万以下であることから、天然のクモの糸の約60万という高分子量のタンパク質づくりの困難さに加えて、収率の悪さが基本的な問題として残っている。

今後の課題はクモの糸のアミノ酸配列のN末端側を含めて全貌を明らかにし、60万というう分子量の大きいタンパク質が本当に合成できるのかどうかである。これに関しては、学術的にも非常に興味深い課題である。また、優れた力学特性を得るには、絹の長鎖の繰り返しのモチーフをどうするかや、天然のタンパク質と同じものが得られなくとも、天然の特徴を持ち合わせたタンパク質ができるかどうかも大きな課題である。最終的には実用化に耐えうる機能性のある人工のクモの糸が量産できるかどうか、経済的な採算性がキーポイントとなるであろう。

今や日本も含め世界各国で遺伝子工学による人工のクモの糸の製造に関する特許が驚くほどたくさん出願されている。特許といっても学術的データとしてどれほど再現性があって、論理的な展開が行われているのかは疑問が残る。ただ、特許によって、実用化に向けてどのような方向性を目指しているのかが分かってくる。たとえば、人工のクモの糸の用途としては、防弾チョッキ、ストッキング、衣服など、さらに人工の靭帯《じんたい》や腱《けん》、さらに外科用縫合糸などの医療分野などが期待されている。ヘア製品、スキンケア製品、メークアップ製品または抗太陽光を目的とした化粧品であるとか、組織炎症反応を最小化するようなステントの外面をクモの糸によって被覆するというものがある。さらに、クモの糸を複合材に用いる目論見もある。これらの様々な夢の用途への可能性は、現実に製造されて実用化に近づいたときに取捨選択されるであろう。

21世紀になって遺伝子工学で人工のクモの糸を作るという発想が生まれてきた。ユニークな特性を持つクモの糸は21世紀の夢の繊維素材として有力な位置づけと期待されている。今後は、クモの糸の遺伝子工学ばかりでなく、化学重合などを駆使しての着実な研究開発が必要と思われる。

4　無名の虫から夢の繊維

１９７０年代からの数少ない研究者の地道な努力によって、クモの糸に面白い性質が備わっていることが明らかになってきた。そのような性質を持つのであれば、量産化を考えるのは当然の成り行きである。21世紀になると、その量産化に向けて遺伝子組み換え手法が力を発揮してきた。今のところ、実用化までには至っていないものの、クモの糸の影響もあってか、最近は、クモの糸だけではなく、今まで無視されていた虫たちの糸にも注目が集まり始めた。無視されていた虫については、わずかしか糸を分泌しないので測定が困難なため、糸の性質などほとんど調べられていない。今まで関心を持たれなかった虫たちの糸が、なぜ、最近になって注目され始めたのであろうか。

最近になって、虫から糸の遺伝子を取りだして、他の生物の遺伝子に組み換えるという遺伝子工学的手法が適用できる時代になってきた。わずかしか糸が取り出せない虫であっても、虫のｍＲＮＡ（メッセンジャーＲＮＡ）を取り出してＤＮＡを作るという遺伝子工学技術を用いて、その塩基配列を解明するとともに、作り出した糸の性質を調べることができるのである。クモの卵のう（図２）ばかりか、チョウ目、ハチ目、コウチュウ目、アミメカゲロウ目などの多くの虫たちも繭を作る。もし、

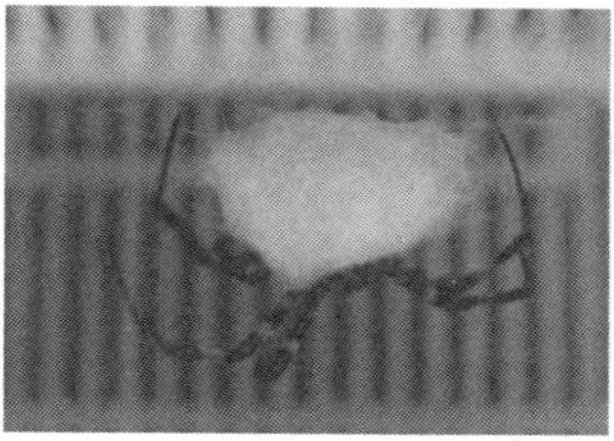

図2　コガネグモの卵のう

糸が素晴らしい機能を示すタンパク質であれば、新しい素材として大量に作り出せる可能性が生まれてくる。つまり、長年にわたる自然界を生き延びてきたものの、人間からは無視されてきた虫たちも、21世紀になってやっと素晴らしい糸の機能を人間に理解させる時代になってきたのかもしれない。

柔らかくて強いという繊維は今のところクモの糸以外には見られない。このため、クモの糸の性質を持った糸の量産化が実現できれば、世界の生活文化を大幅に変える可能性のある夢の繊維にもなる。それとともに、普段注目を浴びない虫たちの出す糸の素晴らしい機能に注目して、今後、今まで予想もしなかった新しい繊維が生まれる可能性がでてきた

「自然に学ぶ」とか「昆虫の設計に学ぶ」という言葉が、しばしば見られるようになってきた。昨今は、人類は自ら作り出したハイテクの素晴らしさを謳歌《おうか》して、酔っているようにも見える。しかし、人類は数億年もの進化の歴史を持つ虫たちに、長年にわたって自然界が付与してきた素晴らしい機能には及ばないことが無数にある。

今まで、一部の虫たちの出す糸に焦点を当てたが、その多くの虫の糸については未《いま》だ

わからないことがほとんどである。ただ、昨今では遺伝子工学的手法が開発されて、DNAの塩基配列からタンパク質の合成が可能になれば、虫たちの驚くほど素晴らしい実用的機能を持つ糸として、世の中に浮かび上がるかもしれない。

そのような期待の下で、今まで興味の対象とされていなかった虫の糸の研究も促進されるかもしれない。ただ、遺伝子工学的手法でも限界があるので、21世紀の前半のうちに、従来の虫から直接取り出す糸を対象とした研究と遺伝子工学によって作り出した糸の研究の双方から攻めるなど、着実な研究開発を通じて切磋《せっさ》琢磨《たくま》しながら新しい機能を持った夢の繊維作りを推進していくことが必要であろう。

おわりに

クモの糸を趣味の研究としてスタートして四十数年にもなる私は、虫たちの出す糸もクモの糸と比較するために調べてきた。ただ、クモと同様に虫たちの生息している場所を探すこと、糸を取り出す時期を見極めること、さらに糸の出させ方などを把握するまでは苦労の連続であった。

長年にわたってクモの糸は日陰の存在であったが、ユニークな性質を持つことが分かり、さらに糸の量産化の可能性が議論され始めた21世紀になって、ようやく認知されるようになってきた。一方、カイコ以外の虫たちの出す糸の性質や機能は分かっていないことがほとんどである。その理由の一つは、虫たちの糸そのものに興味を持つ研究者がほとんどいなかったためでもある。糸サンプルが得にくいし、実用化の目途もないのに虫の糸の研究に興味を持つほどの動機が見つからなかったのかもしれない。しかし、今回、クモやカイコなどを含めた虫たちの出す糸をまとめてみた全体像から、虫たちの出す糸における一つの方向性が見えてきたことから、糸の研究への動機が生まれる可能性がある。虫たちの出す糸が21世紀の素晴らしい夢の繊維となる可能性が秘められていることから、虫たちの糸への興味から始まり、様々な方法での糸へのアプローチが期待されるのである。

クモの糸に関して、ユニークな性質を学術的な視点から微細構造を解明しようとする動きが出てきた。一方、クモの糸の詳細な構造は分からなくても、実用化を目指して遺伝子工学で人工のクモの糸を量産化しようとする動きがある。研究と開発は別々の軸で動いているものの、実用化が近づけば、なおさら研究と開発の融合は不可欠になってくるであろう。

ミノムシ、ダニ、毛虫などの虫たちの出す糸で、面白い性質、機能や構造などが明らかになれば、思いもかけない領域での用途が拡がり、21世紀にブレークスルーする時代が来ると思われる。この分野は今から発展する可能性を秘めているのである。

現代社会ではコンピューターの前に座っての研究が多くなっている。失敗を如何《いか》に少なくするかを考慮したローリスク・ハイリターンを目標とした効率主義の流れがある。

しかし、人々は屋外に出てのフィールドワークを通じて自然に学ぶ姿勢、つまり、フィールドでの観察による直観力や感性を磨けば、ブレークスルーの糸口ともなる新しいシーズを見出せることも忘れてはいけない。自然界の驚くべきことに出くわした時の感動を味わえるのも研究者の醍醐味《だいごみ》かもしれない。方向付けの決まった分野は比較的進みやすいかもしれないが、少々時間がかかっても、現場で汗をかいて、未知の分野にチャレンジする精神を持ち続けてほしいものである。

いつの時代も、不可能と思われていたことを新しい技術の研究開発で乗り越えてきた歴史がある。今まで無視していた虫たちが出す糸に対して、「虫たちの出す糸が分かって何の意味があるの?」と思われていた人も、ここで虫たちの絹糸を見直すきっかけになり、興味を持っていただければ幸いである。さらには、多くの人々の興味が虫たちの糸の実用化へのきっかけとなり、夢の繊維として人々の生活の中に浸透する日が来ることを願っている。

なお、絹糸に関して島根大学での浅野京子さん、電子顕微鏡観察に関して奈良県立医科大学での山元尚子さんと小島希予さんの助力に感謝したい。最後に、本書をまとめるにあたって、全体の構成その他に関して種々のアドバイスを含む協力を頂いた筑摩書房の鶴見智佳子さんに感謝したい。

参考文献

第1章

1 Becker, M. A. & Tuross N., In: Kaplan, D. et al. (eds.) Silk polymers: materials science and biotechnology. ACS Symposium Series 1994. 544: p252

2 Bell, J. R. et al., *Bull. Entomol. Res.*, 95, 69 (2005)

3 Coyle, F. A. *et al.*, *J. Arachnol.*, 13, 291 (1985)

4 Gorham, P. W., arXiv:1309.4731 (2013)

5 Grubb, D. T. & Jelinski, L. W., *Macromol.*, 30, 2860 (1997)

6 Lefevre, T., Rousseau, M. E. & Pezolet, M., *Biophys. J.*, 92, 2885 (2007)

7 Liu, Y., Shao, Z. & Vollrath, F., *Nature Mat.*, 4, 901 (2005)

8 Osaki, S., *Nature*, 384, 419 (1996)

9 Osaki, S., *Acta Arachnol.*, 46, 1 (1997)

10 Osaki, S., *Polym. J.*, 34, 25 (2002)

11 Osaki, S., In「Macromolecular Nanostructured Materials」, edited by Ueyama, N. & Harada, A. KODANSHA-Springer, London, p. 297 (2004)

12 Osaki, S. et al., *Polym. J.*, 36, 623 (2004)

13 Osaki, S., *Polym. J.*, 36, 657 (2004)
14 Osaki, S. & Osaki, M., *Polym. J.*, 43, 200 (2011)
15 Matsuhira, T. & Osaki, S., *Polym. J.*, 47, 456 (2015)
16 Savage, K. N., Guerette, P. A. & Gosline, J. M., *Biomacromol.*, 5, 675 (2004)
17 Termonia Y., *Macromol.*, 27, 7378 (1994)
18 『クモの糸のミステリー』大崎茂芳、（中公新書）、中央公論新社、pp.1-186、二〇〇〇年
19 『クモはなぜ糸から落ちないのか』大崎茂芳、（ＰＨＰ新書）、ＰＨＰ研究所、pp.1-211、二〇〇四年
20 『クモの糸の秘密』大崎茂芳、（岩波ジュニア新書）、岩波書店、pp.1-182、二〇〇八年
21 『材料』、北川正義、安富正直、古川顕秀、50, 1213、二〇〇一年

第二章

1 Asakura, T., Okushita, K. & Williamson, M. P. Analysis of the structure of Bombyx mori silk fibroin by NMR, *Macromol.*, 48, 2345 (2015)
2 Tanaka, K. et al., *Biochimi. Biophys.* Acta (BBA)-Protein structure and molecular enzymology., 1432, 92 (1999)
3 『絹の道』、エルネスト・パリゼー（渡辺轄二訳）、雄山閣出版、一九八八年

4 『絹の文化誌』、篠原昭、嶋崎昭典、白倫 編著、信濃毎日新聞社、一九九一年
5 『絹I』、伊藤智夫、法政大学出版局、一九九二年
6 『シルクの科学』、シルクサイエンス研究会編、朝倉書店、一九九四年
7 『虫と文明』、ギルバート・ワルドバウアー著（屋代通子訳）、築地書館、二〇一二年
8 浅野京子、大崎茂芳、絹糸に対する紫外線の影響、未発表

第三章
1 Reddy, N. & Yang, Y., *J. Mat. Sci.*, 45, 6617 (2010)
2 Osaki, S., Yamato, K. & Yamamoto, K., *Polym. prep. Jpn.*, 50, 3493 (2001)
3 Osaki, S., Yamamoto, K. & Yamato, K., 第68回高分子学会年次大会、大阪（二〇一九）

第四章
1 Bai, X. et al., *Biochem. Biophy. Res. Commun.*, 464, 814 (2015)
2 Bini, E., Knight, D. P. & Kaplan, D. L., *J. Mol. Biol.*, 335, 27 (2004)
3 Clotuche, G. *et al., PLoS One*, 6, e18854 (2011)
4 Hudson, S. D. *et al., J. Appl. Phys.*, 113, 154307 (2013)
5 Sutherland, J. D. *et al., Mol. Biol. Evol.*, 24, 2424 (2007)

6 Weeks, A. R., Turelli, M. & Hoffmann, A. A., *J. Econ. Entomol.*, 93, 1415 (2000)
7 『虫と文明』、ギルバート・ワルドバウアー著（屋代通子訳）、築地書館、二〇一二年
8 『糸の博物誌——ムシたちが糸で織りなす多様な世界』、齋藤裕、佐原健編、海游舎、二〇一二年
9 『ダニのはなし——人間との関り』、島野智之、高久元、朝倉書店、二〇一六年
10 『昆虫学大事典』、三橋淳 総編集、朝倉書店、二〇〇三年
11 『繭ハンドブック』、三田村敏正、文一総合出版、二〇一三年

第五章

1 Hayashi, C. Y. & Lewis, R. V., *Science*, 287, 1477 (2000)
2 Tsuchiya, K. & Numata, K., *ACS Macro Letters*, DOI: 10.1021/acsmacrolett.7b00006
3 Lazaris, A. et al., *Science*, 295, 472 (2002)
4 Lucas, F., *Discovery*, 25, 20 (1964)
5 Osaki, S., *Phys. Rev. Lett.*, 108, 154301 (2012)
6 Scheller, J. & Conrad, U., *Current Opinion in Plant Biol.*, 8, 188 (2005)
7 Scheller, J. et al., *Nature Biotechnol.*, 19, 573 (2001)
8 Xu, M. & Lewis, R. V., *PNAS.*, 87, 7120 (1990)

9 Yang, J. et al., *Transgenic Res.*, 14, 313 (2005)
10 You, Z. et al., *Nature*, 8, 15956 (2018)
11『シルクで創る再生医療材料の最新動向』、朝倉哲郎、工業材料、63, 9、二〇一五年
12『クモの糸でバイオリン』大﨑茂芳、（岩波科学ライブラリー）、岩波書店、pp.1-128, 二〇一六年

ちくまプリマー新書

319
生きものとは何か
――世界と自分を知るための生物学
本川達雄
生物の最大の特徴はなんだろうか？　地球上のあらゆる生物は様々な困難（環境変化や地球変動）に負けず子孫を残そうとしている。生き続けることこそが生物⁉

252
植物はなぜ動かないのか
――弱くて強い植物のはなし
稲垣栄洋
自然界は弱肉強食の厳しい社会だが、弱そうに見えるたくさんの動植物たちが、優れた戦略を駆使して自然を謳歌している。植物たちの豊かな生き方に楽しく学ぼう。

291
雑草はなぜそこに生えているのか
――弱さからの戦略
稲垣栄洋
古代、人類の登場とともに出現した雑草は、本来とても弱い生物だ。その弱さを克服するためにとった緻密な生存戦略とは？　その柔軟で力強い生き方を紹介する。

193
はじめての植物学
――植物たちの生き残り戦略
大場秀章
身の回りにある植物の基本構造と営みを観察してみよう。大地に根を張って暮らさねばならないことゆえの、巧みな植物の「改造」を知り、植物とは何かを考える。

155
生態系は誰のため？
花里孝幸
湖の水質浄化で魚が減るのはなぜ？　湖沼のプランクトンを観察してきた著者が、生態系・生物多様性についての現代人の偏った常識を覆す。生態系の「真実」！

ちくまプリマー新書

163
いのちと環境
――人類は生き残れるか
柳澤桂子
生命にとって環境とは何か。地球に人類が存在する意味、果たすべき役割とは何か――。『いのちと放射能』の著者が生命四〇億年の流れから環境の本当の意味を探る。

054
われわれはどこへ行くのか？
松井孝典
われわれとは何か？　文明とは、環境とは、生命とは？　世界の始まりから人類の運命まで、これ一冊でわかる！　壮大なスケールの、地球学的人間論。

226
何のために「学ぶ」のか
――〈中学生からの大学講義〉1
外山滋比古　前田英樹　今福龍太
大事なのは知識じゃない。正解のない問いを、考え続けるための知恵である。変化の激しい時代を生きる若い人たちへ、学びの達人たちが語る、心に響くメッセージ。

227
考える方法
――〈中学生からの大学講義〉2
永井均　池内了　管啓次郎
世の中には、言葉で表現できないことや答えのない問題がたくさんある。簡単に結論に飛びつかないために、考える達人が物事を解きほぐすことの豊かさを伝える。

228
科学は未来をひらく
――〈中学生からの大学講義〉3
村上陽一郎　中村桂子　佐藤勝彦
宇宙はいつ始まったのか？　生き物はどうして生きているのか？　科学は長い間、多くの疑問に挑み続けている。第一線で活躍する著者たちが広くて深い世界に誘う。

ちくまプリマー新書328

糸《いと》を出《だ》すすごい虫《むし》たち

二〇一九年六月十日　初版第一刷発行

著者　大﨑茂芳（おおさき・しげよし）

装幀　クラフト・エヴィング商會

発行者　喜入冬子

発行所　株式会社筑摩書房
東京都台東区蔵前二－五－三　〒一一一－八七五五
電話番号　〇三－五六八七－二六〇一（代表）

印刷・製本　中央精版印刷株式会社

ISBN978-4-480-68353-3 C0245 Printed in Japan